消失中的味道

增訂版

The Vanishing Flavours Of Cantonese Cuisine

謝嫣薇 著

JPC HK

名人推薦

筆下粵菜傳統　演繹當代經典——**世界御廚　楊貫一**

謝嫣薇小姐雖非香港人，卻對傳統粵菜有濃厚興趣，多年來品嚐各款粵菜，甚至付出寶貴時間來深入研究繁複的傳統粵菜構造和歷史，編寫成書，令傳統粵菜得以流傳，值得欽佩。——**大師姐　麥麗敏**

用文字貼切地形容食物的色香味，難！嫣薇功力深厚，把食物的色香味四溢於紙上，難得！

祝《消失中的味道》一紙風行！——**靈活聯繫總裁　葉潔馨**

在嫣然一笑之間，苦心經營且用意用功地為香港粵菜譜出了久違的詠嘆調，姑勿論這是為曾經輝煌的粵菜文化所響的一闋哀樂怨曲與否，謝嫣薇小姐的飲食記錄，也委實描畫出一方水土的絲絲味道記憶。——**音樂人、飲食文化作家　于逸堯**

與謝嫣薇（Agnes）認識是從二〇一三年我舉辦的如意宴開始。直到二〇一五年一起去品嚐樂沐、共遊台灣後，變成好朋友。看到這五六年她的快速進步和成長：從一個比較善於整理報導人物角度和精於提問的記者，變成一個對於美食深入鑽研和理解，深度追蹤，學習和總結出自己獨特觀點的美食專欄作家的華麗進化。絕大部分人可能只看到她的美好作品，但不一定有很多人知道中間她的付出。這層面不只包含時間體力上的，也包含精神層面上的自我鼓勵和鞭策。她臉皮比較薄（吃男生豆腐時例外），容不下人說她半句專業有問題的話，所以往往在校對和核實資料時反覆再反覆，這就超級累啦。還好 Agnes 是一個自我認可度很高的人，往往在最困難的時候都可以自己給自己打氣加油。約三年前她跟我提起「消失中的味道」的資料收集工作，從一個 concept 到今天聚集成書，中間總結了 Agnes 對於挖掘資料和人物的功力和辛勞，為中菜總結了許多寶貴的資料。當今終可回饋讀者，也回饋了她自己

最喜愛的中國菜！——「如意宴」創辦人 Desmond 張聰

認識謝嫣薇的時間不長，但一見如故，經常一起尋找美食、品嚐咖啡和抽雪茄。她對味道、菜式和廚師背後的理念之觸覺非常敏銳。現代速食文化、廚師青黃不接和受成本效益影響，很多傳統手工粵菜逐漸失傳。她讓這些「消失中的味道」的武林秘笈重現江湖，任重道遠。——東方表行集團執行董事 林慶麟

謝美女是我的好朋友，因為我們都喜歡美食。她每天嘻嘻哈哈，女頑童一個。對朋友卻很好，很真。她極愛美食，卻一絲不苟，極其挑剔，敏銳度極高，感覺她品美食的時候有點笑裡藏刀的味道。她寫的食評我經常拜讀，她的食評可以讓你聞到食物的香味，甚至感覺自己也身在其中，有點隔空神交的幻覺。但背後卻是她的認真和負責——沒吃過的不會寫，不好吃的不會讚。讀了《消失中的味道》之後，感覺即使以前的味道不會回來，但也不會在心中消失了……——新榮記創辦人 張勇

自從數年前相識，時有參考謝小姐的美食報導，有感身為廚師的我真的要向她致敬！此書亦為粵廚的部分經典菜式作了有序的記錄，為傳承發揮作用。——澳門永利皇宮永利宮行政總廚　譚國鋒

我們第一次見面是在樂沐，還記得那天她跟朋友們來用餐，謝嫣薇（Agnes）一見到我出現就笑嘻嘻地喊著：「我喜歡妳！我喜歡妳的菜！」熱情直率又敏銳，至今依然。當時已經發現她品菜是很浪漫的，也特別能觸動人；她憑著五感之外的直覺來感受廚師的狀態，再抽絲剝繭，推敲研究。過了多年，Agnes 對於各國料理的理解更上一層樓，下筆評點自信鋒利，而浪漫執著的情懷依舊。因著她的熱切才能有這本書的誕生，《消失中的味道》每一篇章都帶著世代傳承的重量，盡是對粵菜美好年代的追憶，也有期待新生的嚮往——其文如其為人。而當每一個字句都帶著使命，多美！——台灣名廚　陳嵐舒

謝小姐周遊世界各地，見多識廣，識飲識食，言論客觀中肯，令人信賴，如今出書與眾分享，實在是讀者的福氣！——家全七福創辦人　徐維均

自序

謝嫣薇

這本書的緣起其實沒有什麼偉大的抱負，也不曾有過任何精心策劃——在五年前，我當時為「家全七福」的創辦人七哥在他的報章專欄代筆，日復一日跟他相處，聽他講了許多關於粵菜食材、老菜，甚至人事變遷的故事……從七哥口中吐出的許多菜名，可說是聞所未聞，菜式當然都近乎絕跡。出自一種傳媒人的本能，覺得應該好好運用我的文字，為飲食文化作保育。於是，從七哥開始，到後來採訪了不同大廚、前輩，略盡綿力地搜集了一個又一個幾近失傳的老菜故事，刊登在《信報》的專欄上，這個系列就叫做「消失中的味道」。

而這本書，就是這三年多來斷斷續續刊登在專欄中的文章結集。

從來不懂是為了什麼，亦沒有想過任何回報，一如我從懂事以來的寫作，都是被一股熱情推著走，不停走。老朋友們都知道，我自小學開始就是寫作比賽的常勝軍，只要一寫就無法停下來；我的專欄文章常常被編輯刪字，總是寫得太長了！這種巨大的能量與生俱來，很幸運地並沒有隨著年歲增長而稍減。

常有不同朋友、讀者異口同聲說，我的文字甚有感染力。坦白說，我真不知這力量從何來，只能說謝謝。謝謝我的天賦，謝謝有你們看到和支持。自小我就情感纖細且敏感，年少不懂得運用這種敏感，迷茫又痛苦。投入了飲食寫作，發現，把我的敏感運用在此，就能變成一種敏銳的感知和觀察。謝謝命運帶我找到我的路。

謹以此書獻給曾經在「消失中的味道」文章系列中幫助我的大廚、前輩們：七哥、勝哥、大師姐、譚國鋒師傅、梁輝雄師傅、鄧浩宏師傅、鄧家濠師傅、葉一南。希望這個比較有系統的書寫，能夠為粵菜傳承留下記錄，也希望有機會繼續寫下去。

很高興能藉著文字感染你，很高興能藉著文字反饋給我帶來許多美好時光的飲食世界。

目錄

華堂飲宴

燒雲腿雪花雞片

飲食，有時候離不開虛榮——特別是在名店名廚面前，有時候滿足的不止是見識與口福，還有虛榮心。因為了解自己，所以也能看到別人的。要見過怎樣的世面，心才會慢慢沉澱，學會珍惜，明白眼前吃著的，不止是山珍海味，甚至很有可能是可一不可再的味道？

這一番心情，在家全七福吃過了一頓絕世饗宴後油然而生。來看看這張令我徹底謙卑的菜單：堂灼響螺片、拆燴羊頭蹄羹、燒雲腿雪花雞片、大地炒烏魚球、冬筍炒水魚絲、甫魚婆參扒大鴨、紅燒山瑞、蟹肉上湯片兒麵……當中好些菜式「瀕臨絕種」，在「七哥」徐維均的監督下，重現江湖。還有誰比起他有說服力？退出了福臨門，他帶走的是好幾十年的功力——畢竟，他從十三歲開始跟著老父下廚做到會，在富豪家庭精雕細琢的飲食品味下被嚴格要求而栽培成材。好些由七哥口中說出的老菜，我去問了一些飲食界前輩，他們聽都沒聽過，更不用說吃過了，就好像燒雲腿雪花雞片。

翻天覆地找資料，雪花雞片這一道菜，只有蔡瀾先生在若干年前寫過，是以前的大金龍酒家的絕活。所謂雪花，即是螺片，然後跟雞片合炒。螺片要片薄落鑊炒，刀功已是此菜成敗重要的一環：片得太薄，沒口感吃不出味道；片得太厚，又太韌兼賣相不佳。一隻響螺可以片出多少塊螺片，也是成本所在。

到了落鑊炒，螺片易熟、雞片較難熟，因此是先炒雞片，再下螺片，然後兩者的熟度又要互相配合得剛剛好，才不會過老，講求火候控制、現炒功夫的精準度，能掌握得分毫不差，把味道、口感做出來的師傅實在不多。食材有耗損風險，而響螺成本越來越高不易承擔，識食的人相對越來越少，所以這道菜已在坊間絕跡。

七哥說，這是昔日頗受富戶歡迎的到會菜式。大金龍做的只是雪花雞片，富豪們更嘴刁些，要跟燒雲腿一起吃——吃的時候，是把三種食材疊在一起入口。那的確很精彩，僅僅是吃螺片和雞片，是極度精準的火候展現，是爽脆與嫩滑兩種口感、海洋和陸地兩種鮮味交匯的火花，然而，配上燒雲腿的鹹香，有了精巧的層次變化，為舌尖留下淡淡的鑊氣香以及火腿的馨逸。這滋味，讓人明白什麼是 good old days！

這三年間，在家全七福跟不同朋友陸陸續續吃過四、五次燒雲腿雪花雞片，發現大廚龍哥對於熟度的掌控越來越好：第一次吃，螺片炒得有點過老，但接下來就沒有這個問題，後來的階段，都能做到螺片剛好斷生、雞片恰好裡外熟透的狀態！七哥說，自從我在專欄寫了以後，多了客人上門指定要吃這一道，大廚有機會實踐，功多藝熟，方方面面自然拿捏得越來越得心應手。消失中的味道，藉著因緣際會而復活，有更多的人嚐到老菜之美，心感甚慰！

華堂飲宴

網油腰肝卷和網油鯪魚卷

從小到大，母親在家中包五香魚卷、春卷來吃，都愛在腐皮外再捲一層豬網油，又或者直接把豬網油當成外衣來捲餡料，那麼炸好後吃起來才夠香！好朋友也是歌手梁靜茹跟我說，她的母親在家中也愛用豬網油來做春卷。我笑說，看來上一代的馬來西亞華裔母親們，仍然捍衛著傳統的味道啊！後來跟扎根中山的海港飲食集團的老闆娘虹姐談起，她說網油肝卷是當地飲宴上的「名物」，至今仍很受歡迎。聽起來真有點唏噓啊，作為粵菜中流砥柱之城的香港，以豬網油做菜的手法，卻近乎絕跡了。前兩年看到某中菜廳推出懷舊菜單，竟有「腰肝卷」，心大喜之，但原來還是擔心客人不敢點來吃，以腐皮取代網油，難怪減去「網油」兩字。日前有朋友才說起這點：這城裡的人們視豬油為洪水猛獸，另一邊卻大啖牛油（西式甜點、包點、酥餅等均含大量牛油），這種雙重標準的飲食意識何來？很值得大家細想、反思。

家全七福的七哥說，舊時煮餸都是用豬油，他跟爸爸徐福全做到會時，他們會自己買肥豬肉，切成小塊來煉豬油，煉出的豬油渣就拿來擺在門口賣，非常受歡迎。古老粵菜，把豬油用得最出神入化，除了最常見的豬油、豬油渣，還有豬網油——他老人家笑說，竟然會想到用豬網油做餸，真是嘴刁之最！

豬網油，就是包住豬肚的一層網狀油脂，有著非常特別的香氣。處理豬網油工序不少，首先當然是要小心翼翼地把豬網油從豬肚扯下來清洗：在攝氏三十度左右的暖水裡攤開抖散，以清除雜質，表面上浮起一層油，水濁以後便換水，重複動作直至水清。水清之後用冷水洗一遍，瀝乾，接著放進一個大盤裡，用玫瑰露醃個十五分鐘，再洗乾淨瀝乾，才可用來做菜。玫瑰露在此的作用，就是辟去豬油的騷味。凡是有豬網油的餸，都是手工菜，所以現在近乎絕跡啦！經典的菜式有網油腰肝卷，就是把豬腰和豬肝爆香後，再以網油捲起來炸，食味濃厚豐腴。七哥回憶，還有廣東特產燜風鱔。幾十年前，珠江一帶起北風時會有很多野生風鱔，古法是用豬網油將切段的風鱔包住，之後用來燜，風鱔爽脆嫩滑，以網油增添油潤感和風味，那陣香氣難以形容，總之就是美味絕倫。

請來海景嘉福酒店中菜廳海景軒的行政總廚梁輝雄師傅製作兩款豬網油菜式——正正是絕跡江湖的網油腰肝卷，以及網油鯪魚卷。好像梁師傅這樣精通網油菜式的香港粵菜師傅，雖不是絕無僅有，但也寥寥可數。正如很多粵菜大廚，梁師傅是紅褲子出身，十六七歲做「嚫仔」的時候，最常做的事情就是捲網油豬肝卷！「那時候在一家客家菜館打工，叫做醉瓊樓，做了三年，捲足三年！離開醉瓊樓之後，反而完全沒接觸過這道菜。」所以，若不是有那三年的經歷，今天真的沒辦法重現。「其實未必跟菜館有關，而是我跟的師傅，他喜歡做這一味，當作脆皮春卷來賣。有時候一捲就是幾十條，然後放進冰箱裡頭，有客人點菜就拿出來下鍋炸。」

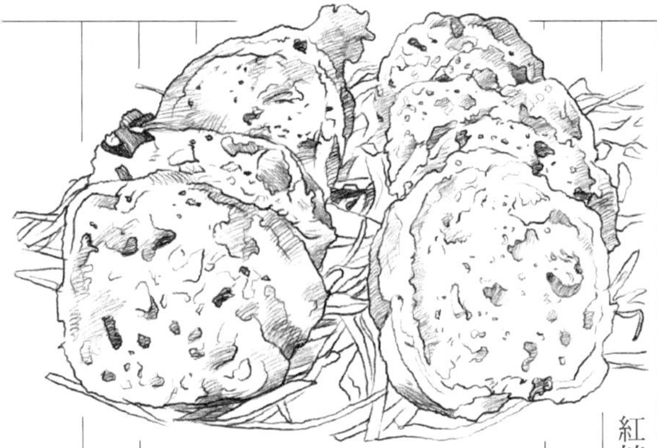

梁師傅表示，雖然統稱「腰肝卷」，但不一定要用豬腰、豬肝，其他內臟也可加入：「有時候有雞肝、雞腎也可用來做這道菜。」聽起來有點像廚餘再創造？「上一代人都有物盡其用的美德。」這倒是比較貼切的說法。梁師傅說，他確實是看著這道菜消失——雖然腰肝卷也是粵菜，但反而正式進入粵菜酒樓打工後，就完全沒有人做這道菜了。「後來做的菜就是海派粵菜，譬如西檸雞、話梅骨、沙爹牛肉……」這些菜名在現在聽起來，也是懷舊菜式了。

腰肝卷的材料不止是腰肝，還有筍絲、冬菇絲，全部材料都切成絲狀，拿去炒香：先炒筍絲、冬菇絲，然後腰肝絲另外泡「嫩油」（就是不滾的油），再跟筍絲冬菇絲合炒，攤涼後才用來捲，捲的時候還要夾上片片芫荽，賣相、色澤好看之餘，又添一份清香。製作這道菜有兩個步驟特別重要：炒好的材料攤涼後，需撒上五香粉。「五香粉能提升內臟的風味、辟去膻腥，但一定要記得，不能在熱氣騰騰的時候撒，或者加入一起炒，而是必須在攤涼後才撒，香氣才能發揮，要不然遇熱就揮發了。」另外一個步驟，就是捲好的腰肝卷在下鍋炸之前，得要淋上適量麻油：「這樣一來，就不會只有豬油的味道那麼單調，但那股麻油味是不太吃得出來的。」把這道形同「歷史文物」的菜餚夾進口，有輕輕的玫瑰露香氣，外衣酥香不油膩、內餡腰肝甘香醇美，放涼一點再吃，更為濃厚，是佐酒佳品也。梁師傅說，他的副廚五十多歲，都沒聽過這一味，聽他說要製作這一道菜，大感好奇；另一位年紀較大的臨時廚房幫工，則是聽過但沒吃過，說到：「幾十年沒見過了呀！」並且期待趁機一試。

至於鯪魚卷，內餡上的處理比起腰肝卷簡單多了，但梁師傅的鯪魚餡有自己的配方，吃起來口感很豐富：有剁碎的花生、蝦米、蔥花，還有髮菜呢！網油鯪魚卷在以前是常有的，「但後來以腐皮取代網油來做這道菜，一來省卻功夫，二來沒那麼肥膩，比較符合人們的飲食要求。再後來，連腐皮鯪魚卷也消失了，變成炸鯪魚就算，越來越簡單！」其實，不管是網油鯪魚卷、腐皮鯪魚卷或鯪魚球，味道都截然不同：網油鯪魚卷外層有酥鬆感、有豬油香，用腐皮的話，就是有腐皮的香氣；相比之下，炸鯪魚球雖然香口，味道的層次卻沒那麼多。而網油腰肝卷和網油鯪魚卷，雖然同樣用上了網油去作外衣，但炸過以後顏色不同，前者深，後者淺，只因為腰肝卷是熟餡，是裹脆漿去炸；鯪魚卷是生餡，所以是拍上生粉去炸，以免外層容易炸得焦黃而內餡還未熟。在這種細節的處理上，就能窺得烹調智慧一二。

做法

網油腰肝卷

海景嘉福酒店中菜廳海景軒
行政總廚梁輝雄師傅

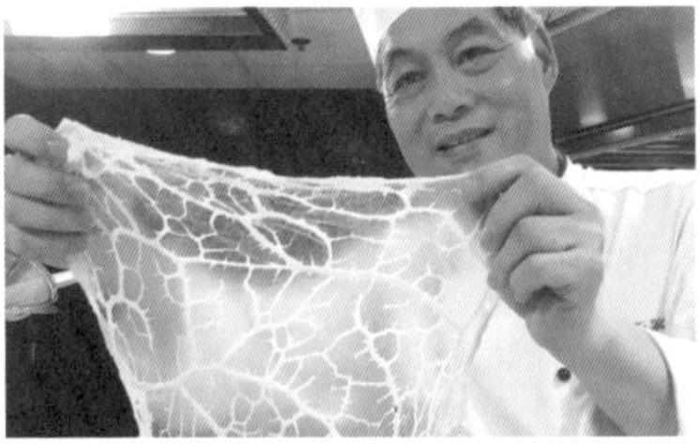

1
豬網油打開就是網狀，以此命名。

2
製作腰肝卷的材料並不複雜：豬腰和豬肝以外，主要就是筍和冬菇。

3
已經炒香的餡料。

4
將豬網油拉起，準備包卷了。

5
將餡料夾到鋪好的豬網油上，整齊排好。

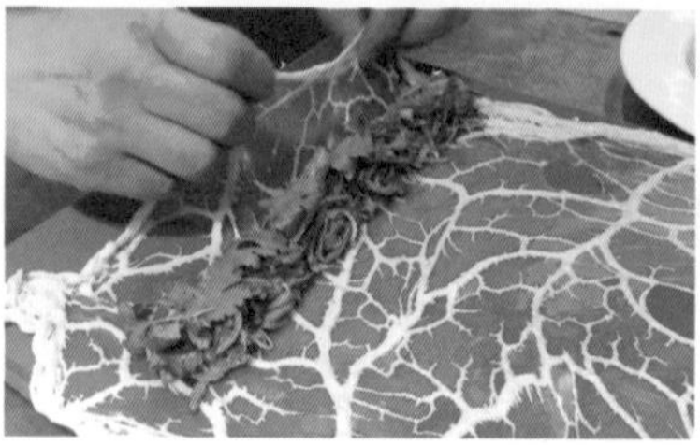

6
最後必須排上芫荽，才開始捲。

7
捲到最後必須用粉漿黏口。

8
淋上麻油，以增添香氣層次。

9

淋了麻油以後才裹上粉漿。

10

下鍋炸，油溫大約是一七〇度。

11

炸了大約五分鐘，外衣呈金黃色就可以撈起了。

12

切開後的網油腰肝卷。

網油鯪魚卷

海景嘉福酒店中菜廳海景軒
行政總廚梁輝雄師傅

做法

1
材料比起腰肝卷簡單多了，梁師傅的鯪魚餡加入了花生、蝦米、蔥花、髮菜，更有要求。

2
鯪魚卷是撲生粉去炸，所以外衣顏色較淺。

3
切開後的鯪魚卷。

生財顯貴雞

這一道顯然已走入歷史的年菜，聽過或吃過的人都起碼要是七十後，它叫做：「生財顯貴雞」。分別在澳門永利皇宮永利宮的譚國鋒，以及尖沙咀國金軒的鄧浩宏兩位師傅口中聽過這一味，卻是截然不同的版本。

譚師傅學的是白切雞版：「白切雞斬件之後，澆上以上湯煮過的蜆蚧醬，然後用灼熟的生菜圍在碟子的周邊，故有『生財顯貴』之稱。」年紀較輕的宏師傅，剛入行的時候，跟當時那些老師傅學的是炸雞、也是功夫較多的版本：先把雞隻裡裡外外用少許鹽抹一遍，以取得適量入味的效果，再用豉油抹勻雞隻表皮，好讓雞隻拉油時能上色以及散發香氣。另外得要有蔥段、乾蔥、蒜肉等料頭，爆香待用。雞隻拉了油以後置放於砂煲內，以上湯混合蠔油、冰糖、蒜蓉、乾蔥絲、陳皮絲、蜆蚧醬煮成一個汁醬，淋入煲內，放入爆香過的料頭，然後以㷫的方式把雞隻煮熟。（㷫，是廣東菜裡頭獨有的手法，將食材原隻或原條先泡油定形，放進瓦煲，再加入薑蔥蒜等爆香過的料頭，以及調好的醬汁，如蠔油汁，加蓋，以文火烹煮，運用煲內的熱力，將食材慢慢煮熟。「焗」這種烹調方法所用的時間不會太長，一般是十五分鐘至半小時，所以適合用來烹煮肉質較嫩的乳鴿、雞，或魚。）上桌前，雞隻斬件，取煲內的汁醬，再加入少許新的蜆蚧醬去勾芡淋面，白灼生菜圍邊，即成。鄧師傅說，跟雞隻一起煮的蜆蚧，已經令雞隻入了味，本身的味道已經揮發，所以，在最後得要加入少許新的蜆蚧醬勾芡，那芡汁才會有味。

這一道生財顯貴雞散發著舊時代風味，醬汁中有幾層的 umami（鮮味）：鹹香的、陳香的、鹹香與陳香交錯的；這幾層的 umami 裡頭，還夾雜了陳皮、老薑、酒味……味道比起錯綜複雜的感情關係還要一言難盡，把雞味襯映得搖曳多姿——醬汁是歷經滄桑的陳馥傳香，雞肉卻是鮮嫩可人；蜆的鹹鮮、雞肉的甜……在美食的世界裡，一切變得有可能，根本就是奇緣式的相逢，火花奇特，好吃，且吃過不會忘記。為何會從式微到消失，想來年輕一輩可能都不太懂得欣賞蜆蚧醬的味道吧？甚至，對蜆蚧醬的存在懵然不知。對於蜆蚧醬有一段較為詳細的資料，出自大師姐在《飲食男女》雜誌的專欄：

「蜆蚧醬是一種產於中國嶺南地區的醬料，用新鮮蜆肉、酒、老薑、陳皮等醃製而成。蜆生長於泥灘，因此在中山、廣東沿岸的漁村，人們自古懂得醃製蜆蚧醬。醃製的蜆醬，半生不熟，保留了蜆的鮮美，又有海水鹹香風味。由於蜆肉含豐富蛋白質和琥珀酸，經醃製後味濃，有一種特殊的香味，以其獨一無二的味道而名揚海內外。

三十年前，中山小欖有一個為人熟悉的北區社區名蜆仔社，村民以撈蜆開蜆為主業，取得蜆肉後製成味道獨特的蜆蚧醬。隨着社會的發展，小欖水質受到污染，蜆已逐漸絕迹，蜆仔社現已式微，居民只能從江西、湖南等地購入蜆才能製作蜆蚧，再銷往順德一些規模較大的食品廠將蜆蚧加工，製成蜆蚧醬出口至東南亞、北美等地區。蜆蚧醬除了在中國生產，香港亦有醬園供應，吃得比較放心，可試九龍醬園及有利醬園。」

大師姐在專欄亦示範了一道蜆蚧薑蔥燜石斑，是少有以蜆蚧入饌的菜式，跟生財顯貴雞異曲同工，料頭不離蒜肉、陳皮等。不同的是，大師姐燜石斑時，沒有加入蜆蚧，而是在最後勾芡的時候才加入。畢竟魚肉性質跟雞肉不同，太早加入同燜，很有可能會蓋過魚鮮。

相信用蜆蚧做醬汁的平衡拿捏不易，不至於過鹹過於濃重，要令人想追著那引人入勝、層疊對立交錯的滋味來吃。稍微失手，都會淪為莫名其妙的難吃下品，連雞也浪費了——相信這個跟生財顯貴雞的消失有點關係？難得鄧浩宏師傅有心，在這老菜的基礎上，自行創作了新時代版本的「生財好事顯貴脆皮雞」：燒雞拆肉，雞肉和豬肉粒、蠔豉、蜆蚧醬一起炒香作為佐料，吃的時候，生菜墊底，佐料置中間，面層鋪上燒雞皮，既像肉碎生菜包的豪華版，又像中式版本的三文治。蜆蚧醬在裡頭只是一個點到即止的調味品，增添濃惹風味刺激食慾，跟在傳統版本的作用有所不同。據悉「新生財顯貴雞」頗受食客歡迎，有人追溯創意始源，方知道香港曾流行這樣一道年菜，也算是對飲食文化保育的一種貢獻吧！

發財瑤柱甫

不久前拜讀一位前輩，素有酒壇「校長」之稱的劉致新先生的一篇文章，驚覺這樣一道耳熟能詳的年菜「發財瑤柱甫」，又或者叫做「蒜子瑤柱甫」，近年因瑤柱價格急升，因此賣少見少。節錄校長在《晴報》副刊寫的文章片段，讓大家作個參考：「粵菜用蒜頭最多的菜式，是蒜子瑤柱甫，名貴的大菜。近年瑤柱價錢急升，更少見了。此菜要用大瑤柱，一席菜可能要用半斤瑤柱，配四両蒜子（即剝去衣的蒜肉）。瑤柱洗淨後用少許水略泡一刻鐘，用手撕去硬枕（可以用來滾湯），一粒粒砌在湯碗的底部；蒜子肉炸透，放在瑤柱的中心，加兩湯羹紹興酒、上湯和水，浸瑤柱水也加入，剛浸過蒜子和瑤柱，猛火蒸兩小時取出，用大碟蓋湯碗上，把汁泌出，用另一湯碗盛載原汁，並把瑤柱蒜子的湯碗倒轉，揭開便可見到很整齊的瑤柱甫。原汁調味加少許蠔油打芡上碟。這是很好的團年新年菜，如果用髮菜、冬菇、金蠔圍邊，意頭更好！」

所言甚是，所謂瑤柱甫，所需的瑤柱分量不少，才能擺成完整的圓甫狀，又像一顆大蒜頭，瑤柱就是當中一個個蒜瓣。身為第一主角，瑤柱不只要分量足，體形也不能太小，賣相才夠得體。眾所周知，來自北海道宗谷的素質最佳，浸發後更見個頭肥碩飽滿。尺寸基本上分為四種：LL、L、M和S，做這一道菜，一般上選是LL或L。請家全七福給我示範這一味，七哥說：「我們當然要用最大隻的宗谷瑤柱！」

做法說易不易，說難亦不算太難，掌握好一些小訣竅，在家應該也能做得好。最主要是在處理瑤柱方面的功夫：瑤柱一經浸發、蒸煮就容易散開，若要有利於定型，大廚一般都會把瑤柱先炸後浸／蒸。第二主角蒜子肉則是要剝衣後炸過。然後把炸過的瑤柱墊底、蒜子肉置面的擺法，在碗中排好，一起拿去蒸，蒸的時候用上湯稍微蓋過面層，那麼蒸軟的同時亦取得煨煮入味的效果。蒸好後，把碗反轉做一個「扣」的動作，瑤柱甫就會乍現成型，蒜子肉此刻匿藏於漂亮的瑤柱甫之下。如果是「發財」版本，當然必須要有髮菜，事先得要用上湯煨過才可用來圍邊。最後動作是勾個芡，這大方矜貴的菜式就能上桌了。還有一款做法大同小異的玉環瑤柱甫，小時候比較常見：把原個瑤柱釀在中心挖空了的節瓜內，一團團的淡綠與金黃色相映，優雅美觀。在不知不覺中，瑤柱甫已快成為過去的老派菜式，然而曾經出現在團圓餐桌上的身影，卻歷歷如昨天。

甫魚婆參扒大鴨

扒大鴨屬於粵菜系鴨菜，可說風格出眾、風味殊勝，以我猜想，可能是從滬菜「八寶鴨」發展成粵菜版本（即鴨腔的填料不同）後，另一款受歡迎的鴨饌。老好粵菜滋味裡頭，一定包括扒大鴨菜式。中式鴨饌來來去去離不開香酥鴨、燒鴨、滷鴨、燜鴨這幾種，而粵菜的扒大鴨卻以一種做法發展出不同面貌，不得不佩服上一代廚師的創意。

不久前在陸羽吃晚飯，當中一道蓮子八寶鴨吃得在座各人如癡如醉，說起不知年輕人還會懂得欣賞這樣的味道嗎？粵式傳統鴨饌，八寶鴨在今時今日算是較常見，而菜膽魚唇／柚皮／八珍扒大鴨等……這一些經典菜名像飲食史料裡才會看到的名字，資深饕客也未必一一嚐過。好幾年前在澳門陶陶居吃過八珍扒大鴨，經過店家解釋，才知道八珍就是有八種配料，至於用哪八種，每家店都有自己的主張，不盡相同。當日陶陶居用的是豬皮、鮮魷、蝦球、冬菇等，很有盆菜的調調。

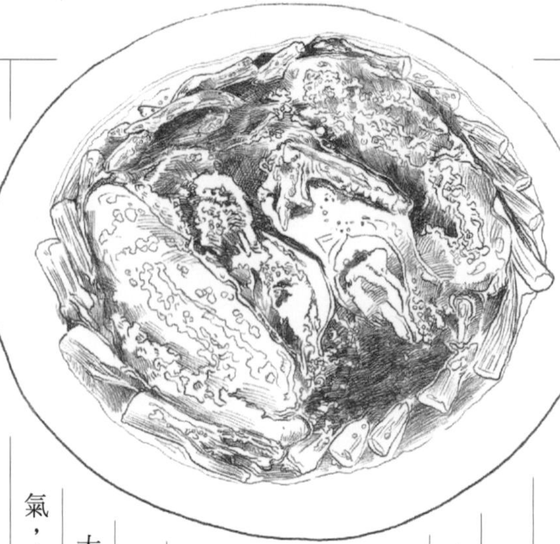

曾在家全七福吃到的「甫魚婆參扒大鴨」，後來寫進文章裡，馬上引來好些食友的垂詢，因為他們上網找資料，一無所獲，於是出動前輩七哥解說：其實這是一道舊時代的筵席菜式，一般做的都是婆參扒大鴨，海參的膠質溶入芡汁中，跟酥軟的鴨肉一起入口，緊密相扣的美味，就是一個「如膠似漆」的關係。對食味層次講究的人家，做這一味得要放入甫魚，即是一整條大地魚乾一起去燜，可想而知，大地魚乾的香氣都化入鴨肉和婆參當中，增添醇厚香氣，吃起來滋味鮮甜腴美！然而，婆參扒大鴨在今天亦很少見了，加入大地魚乾一起燜的進階做法，更是鮮為人知。

七哥分享，粵菜的芡汁分為多種，扒鴨菜式的叫做「兜頭大芡」，是粵菜芡汁中最為厚重的一款，用在「扒」的菜式，好讓餸菜不會太乾身而嚡口。做燜鴨一定要用體形較小的谷鴨，因肥瘦適中，吃起來腴口但不膩；胸肉肥厚、肉多骨細的米鴨較肥，適合用來燒烤，以取得肉汁豐盈的效果。扒鴨芡汁的味道來自上湯，湯水熬製得越有水準，食味就越是動人。

甫魚婆參扒大鴨，底下盡是粵菜烹法的精髓：上湯、大地魚、芡汁，可以是一道有代表性的粵菜，就此失傳的話，實屬可惜！

富貴寶貝雞

記得多年前在尖東海景軒，就已為總廚梁輝雄師傅的招牌菜「四寶元肚湯」傾心：薄薄的豬肚，切開後先露出了烏雞的真身，接著是藏在雞隻的材料：糯米、蓮子、紅棗。這口湯結合了豬肚、烏雞、蓮子、紅棗和糯米的味道，很是鮮甜醇美，「湯渣」也奢侈：豬肚、雞肉可以蘸豉油吃，糯米、蓮子和紅棗混入湯裡，更為湯味添香。據悉這湯由梁師傅所創，忘了問他是不是從韓式人參雞湯得到靈感？後來在家全七福吃到昔日富豪華堂盛宴上的菜式：豬肚鳳吞燕：鮮雞拆骨後釀入煨過的燕窩，再套入豬肚，置於砂鍋裡加上湯去燉，上桌時一刀直接切開豬肚和雞胸，露出裡頭一團透明狀的燕窩，視覺效果已討人喜歡。赫然有感，梁師傅的「四寶元肚湯」可是將粵菜和韓國菜二合為一的創作呢！

作為開業逾四十年的老字號，富臨飯店總有一些「消失中的味道」吧？一聽到這個問題，總廚黃隆滔馬上回答說：「當然有，那就是富貴寶貝雞！連菜單上也找不到這道菜，只有多年熟客才知道，想吃就要預定。」凡是做這樣的「套疊菜」（這是台式的說法，就是把兩種不同口味、質感的食材，套疊成為一道菜。台菜裡頭也有類似的菜式），不管用的是鴿子或雞隻，都會去骨，這道「寶貝雞」也不例外。至於把食材釀入雞腔之前，需用五克左右的鹽將雞身抹一遍抹均勻，淺醃一個小時。這時候，可以去處理幾款「釀料」：燜過的花菇、用排骨和雞腳燜過的吉品鮑，還有金華火腿，用適量的鮑魚汁煮一煮，再加入生粉水勾芡，然後連同炸過再蒸軟了的原隻瑤柱釀入雞腔裡。得注意的是，為保持瑤柱形狀，瑤柱無須跟其他材料一起先放入鑊裡用鮑汁煮。將所有材料都填滿雞腔後，轉動雞頸繞著開口纏緊，接著做一個打蝴蝶結的動作就可以了。小心翼翼地把雞隻擺進砂鍋裡，再把爆香過的薑蔥鋪在上面，就可以加蓋拿去蒸熟。不必另外加水，因為在蒸煮的過程，裡頭的材料和雞身都會滲出汁液（一如燉雞精的原理），若是加水就稀釋了，嚐不到啖啖濃縮精華的美味。蒸煮的溫度大約是一百度，蒸一個小時，雞肉就熟得剛剛好。滔哥說：「如果老人家喜歡吃軟一點，就蒸得久一些吧！」

滔哥說，這道菜可說是跟「八寶鴨」異曲同工的另一個版本，至於用來填入雞腔內的食材，其實彈性甚大，視乎客人的要求：「你說要釀花膠、海參，一樣做得到。」做這一道菜，富臨會用吉品鮑，但不會追求太大隻的，「六人份，用三十六頭左右的剛剛好，要不然太大隻就無法做到一人一隻，必須把擠不進去的鮑魚鋪在雞身外一起蒸，上桌之際就少了切開雞身時露出裡頭材料的驚喜效果。」問起此菜的出處，滔哥說打從他三十年前進富臨廚房那天就有了，後來由師傅「一哥」楊貫一手把手教他做菜，也包括了這一道。之後上網查了一下，有說這是宮廷菜，慈禧太后愛吃，所以又稱為「御用寶貝雞」——這點孰真孰假，就無從得知了。

此菜甚適合節慶團圓時享用，鮑魚糖心軟糯入味當然是重點，但是於我而言，那在蒸煮時滲出的雞汁才是食味最銷魂之處：除了鮮腴的雞味，還滲融了瑤柱、鮑魚的海味精萃，花菇的香氣……豐美交融、薈萃共冶，同時又有原汁原味的純淨之感，柔潤而不厚重。若是有煨過的魚翅作為其中一款填料，最後吸飽這汁液一起吃，那就是最完美了！魚翅對於這道菜來說確是不可取代，只有它才能令那滴滴精華的味道發揮最大價值，醞釀出更悠遠的回味。不過想歸想，吃魚翅可是不容於這個年代，可不敢提議大家這麼吃呢！

做法

富貴寶貝雞

富臨飯店
總廚黃隆滔師傅

1
寶貝雞的材料。

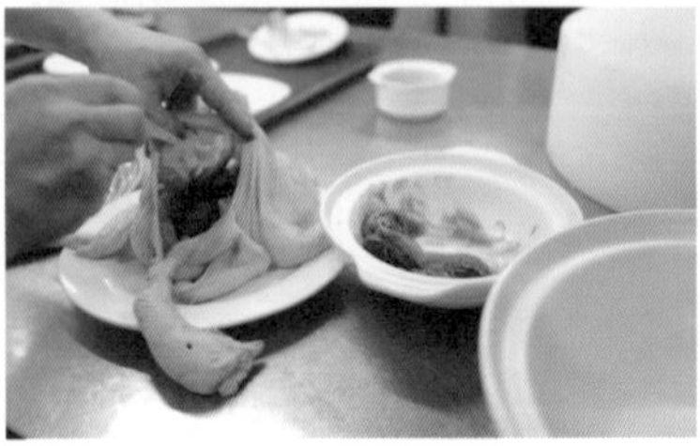

2
將處理好的材料填入雞腔內。

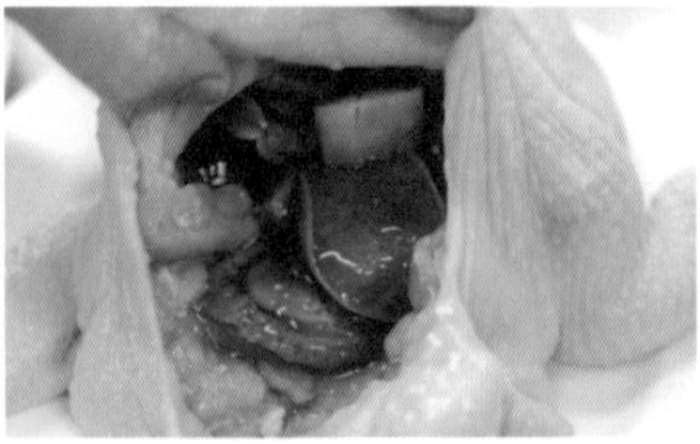

3
所有材料都能恰好填入雞腔內。

4
加蓋後就能放入蒸櫃，一百度左右的溫度，蒸一個小時。

5
蒸好的寶貝雞。砂鍋裡的汁都是在蒸煮的過程中滲出，滴滴都是精華。

6
切開雞身後，露出裡頭豐富的材料。

7
一人一份，有吉品鮑、花菇、瑤柱、雞肉，但是最銷魂的美味仍是豐美交融、薈萃共冶的雞汁。

仙鶴神針

《仙鶴神針》本是武俠小說家臥龍生的封筆之作，後來被人用作菜式名字，隨著時日過去，菜式可說幾乎成絕響。幸好，如有人學過、有食譜留下，還有機會在世間重現仙鶴神針的光芒——這個「世間」，是前輩大師姐的家宴。

去年大師姐在家宴請一眾小友，菜式如戈渣、金錢雞、古法鹽焗雞等款款精緻可口，其中最技驚四座的當數失傳菜仙鶴神針。條條翅針吸飽了上湯和鴿肉的精華，味道醇厚、鮮美，層次飽滿，滿口膠質，齒頰留香，美味的程度，實在叫人吃得不知人間何世。翻查資料，西苑酒家號稱是這道名菜的創始者，但出自於哪一位廚師的手、如何創作出來，毫無紀錄，無法繼續追查。仙鶴神針曾經名噪一時，隨著環保意識崛起，卻漸漸「沒落」，很多中廚甚至不知道這一道菜的存在。

眾所周知，大師姐是江獻珠老師的首徒，但這道菜並非跟老師學來，而是另有因緣。

約在二十年前，大師姐認識一位年過半百的凌師傅，經他傳授而學會。這位凌師傅當時是周大福集團飯堂的廚子，但大師姐相信他必然在一些高級酒樓待過，否則無以習得這一道如此繁複精細的上乘粵菜。當年，凌師傅教大師姐的版本是較為簡單的：買現成發好的濕翅，掰開一塊塊後，用一罐清雞湯，加上切好的金華火腿絲和冬菇絲，就是全部材料。用薑蔥起鑊後，加入魚翅、冬菇絲、火腿絲，和罐頭雞湯用慢火煨一個半小時。接著盛起煨好的魚翅，將之塞進用鹽抹過的乳鴿胸腔裡，塞到腫脹為止。最後用牙籤縫上尾部「封口」，用深盤盛裝，然後慢火蒸兩個半鐘。乳鴿蒸好，盤子中裝滿了鴿汁，可以倒出來，撇油後隨意加少許蠔油調味，再以豆粉水在小鍋中煮熱，倒在乳鴿上即可。當切開鴿腔，露出魚翅後，以魚翅沾上煮過的鴿汁來吃，就是人間美味了。這道簡易版其實已不簡單，但是在大師姐的完美主義作祟下，豈會滿足？於是，她就動手改良！

大師姐說，現在越來越難買頂鴿（飼養日數二十八至三十日的乳鴿，肉長得特別好、也較重，每隻大約十兩，比起一般乳鴿約八兩的體積為大，行內稱之為頂鴿。數量有限，每十隻乳鴿才有一隻頂鴿。），又無法用雞去取代，所以做法一定要隨著時代有所變通。首先就是對於魚翅更為講究些，從海味舖買乾翅自己浸發，去掉翅頭（可留下煲湯用），只用粗壯如芽菜的翅針。至於切冬菇呢，要先片薄，通常片三次之後再切成跟翅針般大小，「冬菇的角色是要隱藏於翅針中不被發現」。大師姐也棄用金華火腿，改用更優質、香氣更突出的雲腿。雲腿切片，煨煮的時候味道可以全然散發，但是煨煮後的雲腿口感粗糙，就要拿走不用，因為跟滑身的翅針和冬菇絲吃起來有違和感。上湯當然至為關鍵，用三斤以上的大雞、帶筒骨、雲腿和瘦肉一起熬九個鐘頭之後撇油，跟冬菇絲、火腿片和魚翅一起慢火煮。這個步驟需時兩個半鐘，通常在前一天做好，以便放涼後可以放進雪櫃。

第二天正式做菜，乳鴿要洗淨後抹鹽、用老抽於表皮上色，「但老抽又不能用得太多，以免在蒸煮過程會發酸」。將魚翅釀入鴿胸，塞滿為止，有多的魚翅可以放在鴿子四周，用中大火蒸兩個鐘，中間還要每隔三十分鐘加水，以防水乾。蒸好後炮製芡汁的方法前面講過，不贅。總之，在經過一番人仰馬翻的工序之後，終於可以上桌了！在客人面前以刀叉切開乳鴿，拿走胸肉和胸骨，芡汁淋在翅上，趁熱吃。那美味，無以尚之，一輩子都記得！

席間談及此菜可以用仿翅來做，但就不是那回事了，畢竟魚翅滲出的膠質亦是成菜口感與食味的一部分。其實魚翅菜式頗能體現粵菜烹調技術博大精深之美，只可惜被牛嚼牡丹的暴發戶吃得引發濫殺濫捕等問題，惡化成動物保育與飲食文化保育不可共存的局面，哀哉！前輩七哥亦講過，魚翅並非「係又食，唔係又食」的菜式，而是精細的享受；為了顯貴在大排筵席時吃魚翅，根本吃不到魚翅的好，不如不吃。是不是從未想過呢？有些老好菜式，是在暴殄天物的人手上摧毀的。真正懂得吃、有品味地吃，與大自然息息相關，實在太重要了。

仙鶴神針，吃過讓人一輩子記得。

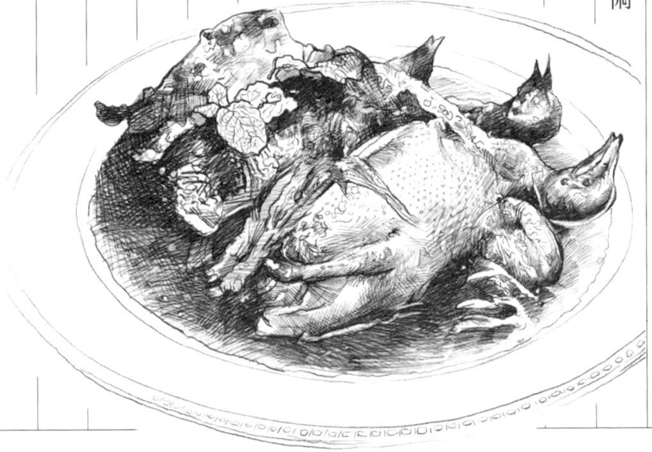

做法

仙鶴神針

大師姐
麥麗敏

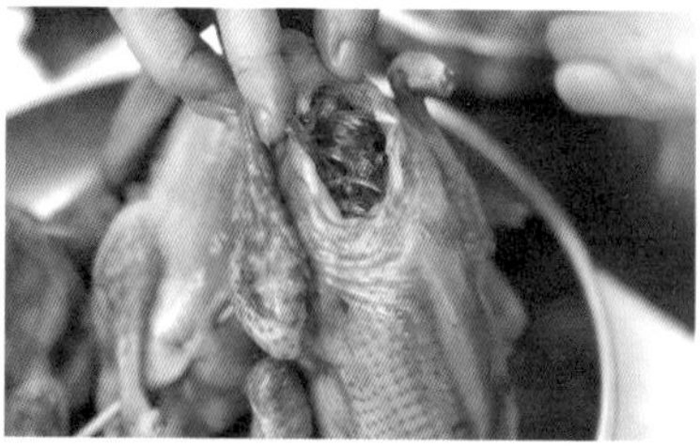

1
將事先煨好的魚翅釀入乳鴿的胸腔內。

2
魚翅填滿鴿腔後，就用竹籤把尾部「封口」，再用老抽於表皮上色。

3
蒸乳鴿的過程，每隔三十分鐘就要加水，以免水乾。蒸了兩小時，精華都已經滲透在魚翅內。

4
炮製芡汁。

5
將熱騰騰的芡汁淋在鴿身上。

6
仙鶴神針正式上桌！

7
乳鴿切開後，露出所有魚翅，分碗前先讓魚翅再吸飽芡汁。

8
每一口都有無盡膠質和醇厚馨鮮美味，好吃得想哭！

一口炸的湯——雞子戈渣

古法粵菜當中有一道製作繁複的雞子戈渣，本來肯做這道鹹點的酒樓真的不多，最近因江獻珠女士的關係，戈渣又再流行起來，不過都是省卻了雞子的版本。看江太史改良北方小吃戈渣，就能瞥見這位超級美食家對飲食的品味以及觸覺怎麼帶動了粵菜的進化。吃過北京厲家菜的人，都試過原始的版本：薄薄的四方片，裡頭像是豆蓉壓成的豆塊，炸成金黃色，吃的時候蘸點糖，只有豆味和甜味，單調得很。經江太史改良成鹹點後，則精彩許多，一如江老師口中說的：「戈渣的獨特口感，外脆內嫩，像一口炸的湯。」

據特級校對陳夢因先生書中記載：雞子戈渣是江孔殷的「太史第」名菜，亦是清末民初時期的筵席珍品。製作一個九吋碟的雞子戈渣要用上二十隻公雞的腰子，陳夢因先生認為雞子戈渣受歡迎，跟男士們相信雞子能壯陽有關。

炸物一份，但太史戈渣的製作非常繁複：先要熬一鍋上湯，然後加入玉米粉、雞蛋、蛋黃攪成漿作生胚，漿要煮成糕糊狀，然後調味，待冷卻，再放進冰箱冷藏大約六小時讓其定形成硬糕。吃之前，把硬糕狀的生胚切成菱形，在外層掃一層薄薄的玉米粉，再放入熱油以文武火炸成金黃色——這已是簡化說明的步驟，裡邊還有許多細節需要兼顧，因為差之毫釐，謬以千里，連江老師也在食譜中直言：「戈渣不是一做就成功。」難度高，換來難以形容的精細美味，一口咬開香脆的外層，內裡的戈渣塊柔若浮雲，幾乎不經咀嚼就溶在口裡，味鮮而濃郁。一口炸的湯，就是這個境界。

做戈渣，味道是來自加入蛋漿的上湯，上湯熬得靚，戈渣自會香濃味美。不過加入了雞子，食味會更鮮美。雞子分量無須太多，十人分量，大約用二、三兩的雞子就足夠。雞子是蒸熟後搗爛，跟上湯、玉米粉混合在一起，再拿去凍結凝固成糕胚。家全七福的創辦人七哥說，學做戈渣，往往敗在油炸的一環，戈渣一落鑊就黏在一起，撞過幾次板才掌握到油溫的訣竅，做得成功。幾十年前他和爸爸一起做到會，說是雞子戈渣，其實只是「得個名」，為了節省成本沒有用雞子，或者以雞膶取代，效果始終有距離，沒有雞子的香甜。現代版本：大師姐以海膽取代雞子去做戈渣，亦非常鮮美——但是請不要放錯期待，你不是在吃海膽天婦羅，不是一咬開就是濃郁的海膽鮮味，這始終還是戈渣，吃的是上湯與食材的比例與結合，以及炸功下所呈現的「一口炸的湯」的境界。無論用雞子或海膽，都是提鮮而已，不是主角。

做法

雞子戈渣

大師姐
麥麗敏

1
已經在冰箱冷凍成硬糕的生胚。

2
將硬糕倒出來。

3
切成菱角形，會裁出許多頭頭尾尾的多餘部位。

4
切好的戈渣。自古以來，戈渣都是切菱角狀，相信是取其形態優美。

5
炸之前要撲上生粉。

6
大師姐額外細心，會用小刷子掃去多餘的粉，炸起來才「皮薄餡靚」。

7
這個猶如「血滴子」的炸器，是大師姐特製來炸戈渣，這樣所有戈渣無論是落鑊或起鑊，時間、受火程度都會一致，熟度才會一致。而且這樣裝載，柔嫩的戈渣也不容易戳破。

8
每個戈渣之間要有些空間，不要放得太密。

9
下鍋炸，此時油溫是二〇五度。

10
炸一分鐘就可起鍋了。

11
用筷子夾起，不要太用力因為很容易夾穿。

12
擺好盤可以上桌了！

羊頭蹄羹

人人都知道秋冬是食蛇羹的好時節，然而，跟蛇羹有異曲同工之妙的羊頭蹄羹，很多人都聞所未聞，見所未見。粵菜以羊入饌的菜式本來不多，最廣為人識的只有一道枝竹羊腩煲。其實，若要推選粵菜中的羊肉經典，羊頭蹄羹當仁不讓。

羊頭蹄羹，也稱作拆燴羊頭蹄羹，是以往陸羽總廚梁敬的拿手絕活——他主理的全羊宴，至今仍是業界佳話。已故商台老闆何佐芝以識食見稱，羊頭蹄羹可說是他的最愛。羊頭蹄羹是粗菜精做，也是老一輩廚師懂得物盡其用的巧思，因羊頭與羊蹄都是不值錢的下欄貨。炮製頭蹄，首先要用火燒過表層以去淨細毛，之後出水，然後跟其他材料如馬蹄、竹蔗、陳皮、花膠等一起熬成上湯。湯底煮成後，再把頭蹄撈上來，人手順紋拆皮肉成絲，然後跟花膠絲、冬筍絲等煮成湯羹。羊的面頰多肉，羊蹄則是皮爽肉滑，以人手拆絲，不會破壞紋理，所以口感細緻。此菜香濃醇和、滋腴甘香，啖啖羊肉香但沒有膻味，就算不吃羊肉的人也能入口，羊癡食過更會念念不忘，一定返尋味。

羊頭蹄羹雖然工序繁複，但礙於羊肉不似蛇肉般矜貴，難以定高價，權衡利益，食肆當然情願做工序類近但價錢能賣貴一兩倍的蛇羹，所以此菜從未普及，如今更是近乎絕跡。以往有的酒樓還會以處理起來比較簡單的清燉羊頭蹄湯做秋冬主打，不過現在也少見了。家全七福為了照顧某些熟客的需求，會特別製作羊頭蹄羹，唯需兩三天前預訂。羊頭蹄羹和蛇羹乍看類似，風味卻截然不同，而且沒有羊膻味，鮮濃甘旨薈萃，但也要吃過的人才知道這箇中一言難盡的滋味了。

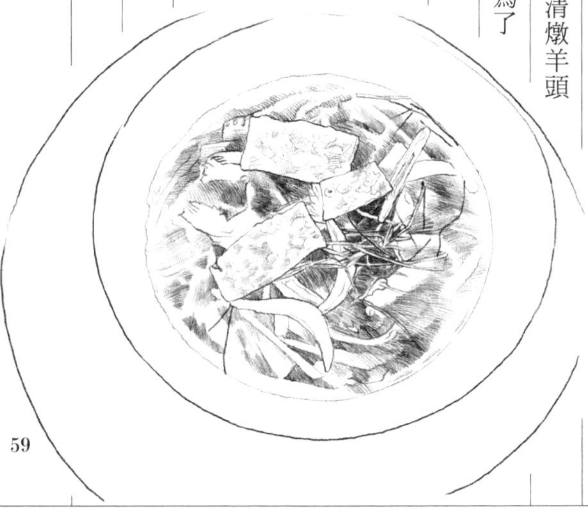

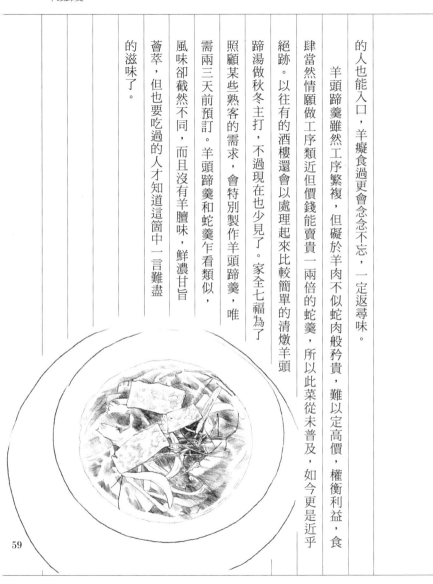

崑崙鮑甫

人生在世，有時候成就一件事的，不是精心的策劃，而是一股傻勁。

有一個年輕的大廚，魄力非凡，充滿求知慾，一直孜孜不倦鑽研不同食譜，範圍包括古今中外。有一天，他又慣性地翻前輩葉錦榮師傅的筆記，無意看到一道菜的名字：「崑崙鮑甫」，引起了他的好奇。他問前輩：「這是什麼啊？」葉師傅輕描淡寫：「噢，不就是龍躉皮和鮑魚囉！」

這個年輕人後來加入了米芝蓮二星中餐廳天龍軒的廚房團隊，遇到他的恩師劉秉雷師傅，向他請教這道菜的做法，師傅亦娓娓道來。不過，這一道菜從未正式被這年輕人做出來過，直到今天——他也非昔日的吳下阿蒙，而是獨當一面的中菜行政總廚，說的是金鐘JW萬豪酒店萬豪中菜廳的鄧家濠師傅。

崑崙鮑甫，是《滿漢全席》中的一道名貴菜餚。在香港，做過這道菜的酒樓不多，翻查紀錄，除了富豪家宴，就是昔日的國賓酒樓以及鏞記。為何取名「崑崙」，根據一篇報導，已故的鏞記甘健成先生指出，由於龍躉皮是皮包鱗，所以很有可能取其諧音，將「鱗」比作「崙」，取名崑崙。

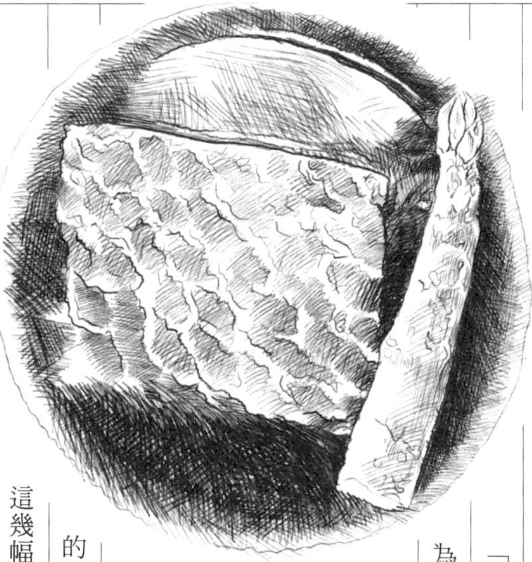

「想做這一道菜，首先就是要去煩海味舖！因為不可能有這麼大一塊乾貨龍躉皮擺在店裡作零售！」海味舖也不負所託，很快地幫鄧師傅找到貨源，來了兩幅大魚皮，一共八點五公斤，成本索價已逾八萬元。

發製龍躉皮，就跟發製鮑參翅肚一樣，工序講究又繁複。「在劉師傅的年代，首先，他得要用做裝修的那種打磨機，磨走面層黑色的那一層皮。但可能我的來貨跟他們不同，我的這幾幅龍躉皮不算太厚，所以可以直接連皮用，無須磨走。」

鄧師傅亦改良了傳統的發製方法：「傳統就是先磨走再拿去浸，我呢，則是把整幅龍躉皮摺好以後放進大蒸櫃裡去蒸軟！」他笑說，蒸櫃裡頭所有的東西先要撤走：「因為腥味實在太濃烈了！」乾蒸的好處是，成數高、吸水力較強，質感更佳。

蒸完後，就馬上丟進冰水裡讓它收縮：「看魚皮微微收縮，就要倒掉冰水，然後倒入熱水去焗，每焗半個小時就換一次熱水，如是者重複約十次，待魚皮如松果般爆開，就可以起鱗了。」有別於舊時以薑蔥辟腥，鄧師傅改以白醋輕輕洗魚皮，就跟洗豬肚豬肺等異曲同工，再「啤水」洗走白醋味。如此這般，魚皮已在半生熟的狀態，經不起直接受火燜煮，否則會「泄身」，所以，每次接到落單，鄧師傅才把魚皮放入熱鮑汁裡頭浸至少半個鐘入味，上桌前才放進鑊裡頭，連同鮑汁稍稍煮一煮，之後上碟。「如果是較厚的部分，就要拿去煲一煲。」

顯而易見，乾貨龍躉皮是此菜主角，那鮑魚呢？「因為是滿漢全席的菜式，正式的，會用四頭網鮑，但為了讓更多人吃到這道快失傳的舊菜，我改用十頭網鮑，售價就會比較貼地。」龍躉皮吸收了鮑汁的醇鮮而回魂，海味的風味更顯馨香；鮑魚則是借助了龍躉皮的膠質，吃起來滑溜溜的。

崑崙鮑甫，瑜亮互相成全而非競逐，是此菜最大的格局，並不是罕見的名貴食材。

源於廣東

金錢蟹盒

帶來好些想像的菜名：金錢＋蟹＋盒，對舊菜不甚了解的人來說，會對「金錢」兩字在菜式中所代表的意義，缺乏某種時代背景的共鳴。事實上，古老粵菜中，除了金錢蟹盒，還有一道金錢雞，而「金錢」在這兩道菜裡頭，所代表的是一種形態——前者是兩片薄薄的、經過剪裁的圓形豬肥膘夾著餡料，炸起時的形狀似一個銅板；後者則是將材料串起來燒，看起來像一串銅錢而以此命名。據澳門永利皇宮永利宮譚國鋒師傅分享，有一道年菜叫做「滿掌金錢」，就是冬菇扒鵝掌，不難想像以冬菇其形入名……有的人可能會笑說，難道以前的人都「發錢寒」嗎？我想，以前的社會較為貧窮，而中國人又是一個講求好意頭的民族，取名字最愛就是討吉利，菜名寓意財富，就是市井小民對未來的一點精神寄託吧。

在澳門的勝哥私房菜吃到可能是此生最好的金錢蟹盒。翻查資料，有說此菜是從澳門傳入香港，所以澳門粵菜老酒家的大廚做這一道一般都有一手。勝哥曾在澳門十六浦的鳳城德記酒家掌廚二十年，是鳳城派順德手藝的絕世高手。根據前輩唯靈的文章指出，此菜乃順德菜，又叫做「蠄蟧盒」，是當地甚受歡迎的街頭小吃。廣東人叫蜘蛛作蠄蟧，而蜘蛛產卵後吐絲結繭成盒的情形則被叫作「蠄蟧盒」——想來真的非常貼近這道菜的原形呢！友人王文傑說曾在廣州吃到金錢蝦盒，較有咬口，跟蟹肉入口即溶的滋味不同。

金錢蟹盒的做法有一定複雜性，亦需要掌握一定的技巧，不是一般家庭主婦能做得好；酒家做這道菜既工序繁複且利錢不高，漸漸式微是它面臨的命運。另外呢，現在的飲食潮流對健康額外講究，好像金錢蟹盒般把豬油用得轟轟烈烈的，大概會嚇怕很多人吧？

首先，得要準備豬肥膘，用模型將之裁成雲吞皮一樣大小的圓形薄片。沒錯，就是把肥豬膘片當成雲吞皮來用！餡料方面則有蟹肉、冬筍、冬菇、瘦肉等，剁碎拌成、調味，按分量揑成圓餅狀，在其中一面貼上一片芫荽葉，然後才夾上肥豬膘「雲吞皮」，以蛋白漿封

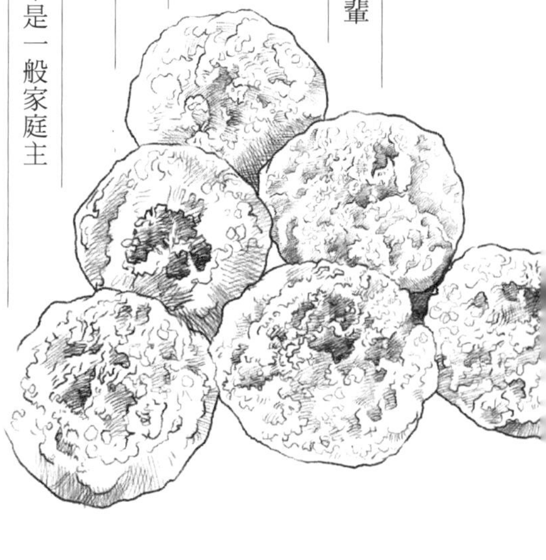

口，兩邊外層拍一層生粉，就可以下油鍋去炸了。譚師傅指出，此時的油溫大約是一百七十度（也就是炸薯條的溫度），因為這個溫度能恰好將肥豬膘片夾住的餡料「箍緊」而定型，不會炸得散掉。炸了大約一分半鐘，就要把爐火開得最大，讓油溫達二百度，炸個三十秒，這個步驟叫做「搶火」，這樣一來，就可以把含在餡料裡的油分扯出去，那麼吃的時候就不會吃得整口油，外層更有酥鬆的效果。搶火這步驟非常重要，因為當食物浸炸於一百七十度油溫中，將內餡炸熟的過程，難免會令裡頭產生某種水蒸氣般的效果，帶有潮濕感，如果不經技術處理掉而直接上桌，食物就會帶著濕潤而軟塌，影響口感和賣相。在最後轉大火把溫度提高，就能把裡頭不必要的油分統統拉走。這是非常考功夫的環節，譚師傅說，掌握得精準與否，很講求經驗。

勝哥的成品，眾多食家朋友吃過都認同是無懈可擊：兩層豬肥膘片炸得酥鬆香脆，內餡僅僅熟，保持嫩口而不老。一口一口接著吃，半滴油也不會滲出來，只有一口又一口的多層次香氣，好吃得過分！在這個年代還能得嚐手藝如此精彩的老菜，只能大喊一句太幸福！

魚白鳳肝炒仙掌

源於廣東

銅鑼灣日式烤肉店 Nikushou 老闆，也是好友伍餐肉組隊，帶領一眾日台美食家到澳門勝哥私房菜朝聖，我坐享其成跟去。肉兄是個很夠意思的朋友，知道我要去，馬上說：「我寫菜單的時候，看看能不能讓勝哥做一些古老的功夫菜讓妳寫來作記錄。」然後，就有了這一道我見所未見的魚白鳳肝炒仙掌。我在 Facebook 上貼出這一道菜，友人朱仲銘跟我說：「真是懷念啊！記得小時候在那些舊式酒樓會吃到這一味，已經至少三十年沒吃過這道菜了！」銷聲匿跡的程度，彷彿這道菜從未出現在世上。

感謝勝哥，正因為有這麼一位盡得鳳城派手藝真傳的隱世高手尚在我們能接觸的範圍，這道已消失的老菜，當晚重現餐桌。仙掌容易理解，就是鴨掌。什麼是魚白呢？晚餐開始前，先進廚房向勝哥學習。只見桌子上放著一個筲箕，一個大盆。筲箕裡裝著的是炸過的魚鰾，而在大盆裡浸泡的，就是魚白了。勝哥當時有解釋何謂魚白，印象中他說的是魚鰾前面較小的那一段，不過當時人多嘈雜又趕著開飯，話題中斷。後來上網查詢，網上資料都指向魚白即是白子，魚的精囊。咦？跟勝哥的解說有點出入啊。後來在群組裡向我的兄弟們求救，肉兄馬上出手解答：「勝哥的魚白，取自大魚的魚鰾。魚鰾有兩段，小的那段不要，大的那段分裡外，外面取出曬乾或油爆後用來做菜，裡面的那個部分就是魚白。」至於譚國鋒師傅則說，小魚的魚鰾也可用來做此菜，最重要的是「骨子」，成菜賣相才會美觀。所以，網上的魚白資料所指的白子，跟勝哥取材的魚鰾，不可同日而語，大家不要混淆。

鳳肝和鴨掌的處理，又是硬橋硬馬的真功夫——鳳肝片成薄片，每一片的形狀、厚薄均大同小異，不知道用了多少塊雞膶才裁出足以炒成一碟的分量。這一點細節，足見勝哥對做菜的要求。鴨掌生拆，保持原狀而不穿，真要年月累積，才能做出細巧的粗活。

三者合炒，我說，這一道再次展現了何謂「鳳城派風清揚」的功力，因為三者的熟度要求不一，但在勝哥的鑊與鏟的風火輪下遊走，就成了各顯神通的遊戲：魚白爽滑無比，鳳肝甘香粉嫩。咬開鳳肝時更會佩服勝哥：外層焦香，但裡層猶帶著微微粉紅色的嬌嫩，每一片鳳肝的熟度都是如此，如此精準老練的炒功，太可怕了！鴨掌爽脆，跟魚白是一軟一硬的兩種爽口，口感已絕佳。然而，兩者均是淡味之物，以鳳肝獨特的內臟甘美、佐以青椒的清甜去帶動食味，我說，這食材的海陸合奏，也有「高音甜、中音準、低音勁」的效果！勝哥的炒功固然是獨孤求敗的境界，但這道菜更能反映的是昔日順德人對於吃的品味，那種懂得如何要求，才是此菜精髓：這三款食材全不是名貴貨色，都是用「細節位」或下欄貨來入饌，但透過手法（如鴨掌要生拆、所有材料皆要處理得大小一致），表達出一份精細感。粗菜精做，是粵菜飲食文化中很重要的底蘊，萬萬不可丟失啊！

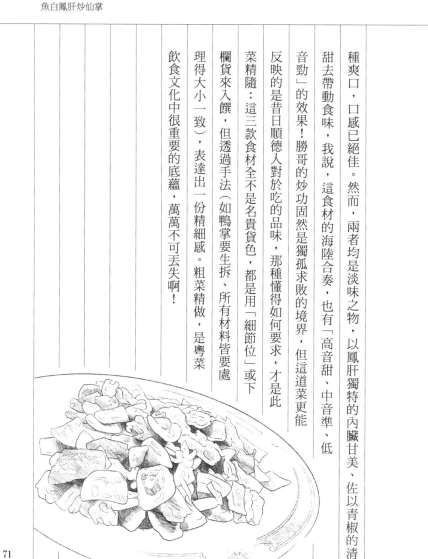

金錢雞

如果對古老粵菜毫無認識，金錢雞這道菜端上來的時候，大有可能摸不著頭腦：金錢？雞？兩者皆欠奉。金錢蟹盒，餡料裡倒算真的有蟹肉，這金錢雞……

「金錢」在這道菜裡所指的是形狀：所有材料串起來燒，看起來像一串銅錢而以此命名。「雞」，則是因為舊時社會窮，很多人都吃不起雞，以下欄貨製作燒味以後，菜名裡有個「雞」字，以得到自我安慰。金錢雞的材料有三種：冰肉（肥豬肉）、瘦肉、雞肝，稱得上是廉價物資，全靠繁複工序將之脫胎換骨，再世為菜。追溯源始，資料顯示，全因大批廣州人逃難來到香港，當中不少帶著上乘的做菜功夫，譬如製作燒味的技術。奈何當時物質匱乏，又燒也未必人人負擔得起，燒味師傅有鑑於此，靈機一觸下，把剩餘物資加下欄貨二度創作，沒想到成為不朽的經典名菜。

大師姐家宴，每一次的菜單上必有金錢雞，以示誠意——這一味通常由大師公操刀，已成為他的拿手好戲，每次都做得出色，贏得全桌的掌聲。做得好的金錢雞，必須在一個禮拜前就開始準備，那就是醃肥豬肉！片成大約八分之一吋厚的肥豬肉，用糖、玫瑰露、兩種豉油去醃製。時間對於這一片片肥豬肉來說是關鍵，要做得好，真的非得要一個禮拜不可。首先，糖需要這足夠的時間去催化肥膘的狀態，令它變成半透明，因此得「冰肉」之名。然後呢，玫瑰露的酒味其實是很濃烈的，只醃個三五天，烈性未來得及馴化，一個禮拜方足以沉澱，釋放醇厚而不嗆喉、引人入勝的酒香。而豉油方面，大師姐的版本會採用兩種豉油：珠江橋牌和金標老抽來醃味和上色。無論是令肥膘轉化成冰肉、玫瑰露的沉澱到上色，都需要長達七天來達至一個「和味」的程度，所以，並無捷徑可走。

舊時金錢雞的做法，用的是豬膶、叉燒剩下來頭頭尾尾的瘦肉，所以不難想像為何要搭上一塊肥膘吧？要不然整體來說，就是又「嚡」又乾，好吃有限。大師姐說，隨著時代進步，香港經歷過七八十年代經濟起飛的黃金時期，整個社會對吃的要求提高了不少，有時候對舊菜的演繹，無須固守原貌，而是要懂得捉緊其精髓去變通，經過改良變得更美味，那菜式才有留傳下來的價值，而不是為了保留而保留。所以，大師姐的版本，以雞膶取代

了豬膶、用豬柳梅取代瘦叉燒。用雞膶除了取其甘香，最重要的是煮熟以後，仍然粉嫩，不似豬膶會變得硬身且「嚡口」。雞膶不必醃太久，一個小時左右即可，但醃料必須講究，有蠔油、豉油、薑汁等等，以吊出雞膶的甘美。大師姐對雞膶形狀的處理也額外講究，才能將其裁出跟冰肉、柳梅同樣的厚薄度以及大小。看她示範，是這樣的：雞膶的形狀是連接在一塊的大小雙葉，先輕輕拉起大葉那一邊，橫切把中間的筋膜切斷，沒有了連結，就成了兩片。大師姐用的是小葉，還要把它垂直拿起來，運用地心吸力原理，把垂在最下面的不規則邊沿以剪刀裁走，才得最正確、完好的形狀。至於豬肉，大師姐建議用柳梅，片成薄片，跟肥豬肉差不多的八分之一吋，也是修整成圓形，略比肥豬肉小一點，需要置放於雪櫃裡醃隔夜。

大師姐傳來前輩唯靈於二〇一三年寫過一篇關於此菜的文章，是很好的文獻紀錄：

「新潮金錢雞雖然打着懷舊的旗號，但實質上與本來面目已有很大距離。最顯著的變化是不見了那塊肥肉，而代之以千奇百怪的東西：雞髀菇、馬蹄、甘筍以至薑片。燒製之法也捨用鐵針串起入爐燒烤，而改用焗爐燒焗以至鑊上煎焗。如此這般炮製出來的『金錢雞』，風味自與傳統古法出品迥殊，謂之為名不副實也並不為過。四十年代廣州傳統風味的『金錢雞』的標準：一件脊肥肉、一件瘦肉眼、一件鮮鴨肝，三件相疊肥肉在中用長鐵針串起來掛爐燒烤。火候控制固需講究，選料是否精嚴更是風味高下的主要關鍵。以那片肝為例，以鴨肝為上，雞肝為中，豬肝為下，一件鴨肝兩邊大小不一，細邊切片面積太小，只有大邊適用，一件鴨肝只得四五件可用之材，是故上品金錢雞成本不輕。肥肉須選用豬背硬脂，放入糖缸醃至乾爽，再加玫瑰露酒提香，燒烤之後口感才夠甘美。肥肉醃得不好，風味便無肥而不膩的佳趣了。金錢雞全部材料都要修作圓形，是以有不少碎料，故必有副產品『桂花腸』應市。」

每次吃金錢雞，我們都會笑說這根本就是高喊「我愛膽固醇」於無聲——但其實這種菜式不會天天吃，偶一為之，又有何妨？現代人生活常吃西式糕餅甜點，含有大量牛油、糖分……亦不見得比起吃豬油、內臟健康，這種雙重標準何來？真是費解。

金錢雞油潤芳馥、腴美甘香；甜味、焦香、油脂在入口的似溶非溶間不停交集著引爆、迅速擴散，實在是難以取代的一大美味。偶一為之，又再偶一為之吧！在它被現代人或後代人的雙重標準趕盡殺絕之前。

源於廣東

炒肚尖

炒肚尖，又叫炒肚仁、炒肚片。吃豬肚也就罷了，還想出非得要「肚尖」不可的要求來，把孔子說的「食不厭精」實踐得徹底。為何是肚尖？豬肚尖是整個豬肚最適合用來生炒的部分，說到這裡，就要先來了解一下豬肚的結構，才能真正了解粵人食不厭精的精神是多麼可敬！

整隻豬肚，一共有上下兩個開接口，上面連結食道，下面開口連結「幽門」，就是已消化的食物進入大腸的通道。肚尖正正位於幽門上方大約三吋的位置，大約佔整個豬肚四分之一。這個部位的豬肚，集厚實、柔韌的質感於一身，炒過以後，口感爽嫩，豬肚味腴馨（前提當然是你必須喜歡吃豬肚），吃過難忘。

不過，要做這道菜，少點刀章都不行，片肚尖的處理做得不好，任憑你炒功蓋世，也難以力挽狂瀾。首先，當然是得要從一個好像「皮囊水壺」的豬肚找到肚尖的位置，然後將它切出來。接著，必須把這肚尖邊沿的脂肪都裁走，才處理內層，較韌的一層必須用刀片走，留在外層的才是真正用來做菜的材料。

這時候，肚尖要切成什麼形狀，就隨大廚的主意了。粵廚一般都愛切成三角形，以突出其「肚尖」的形狀。試過遇到川菜廚師做川椒炒肚尖，肚尖切長條型，不過就會「剝花」，猶如平常我們吃豬腰一樣。

經過「片薄」的肚尖，也稍微削薄了豬肚味，因此調味必須靈巧：不宜太淡，否則吊不出豬肚味；不宜過濃，否則又掩蓋了豬肚味，實在不好掌握。所以，潮州菜用川椒炒，粵菜用味菜（鹹菜）和欖仁炒，各有巧妙之處，前者以麻椒香吊味，後者則以鹹酸吊味（但味菜事前必須先浸洗，否則鹹酸味太重又會搶味），再以欖仁的香脆與肚尖的爽脆作一個口感對比的提升，而欖仁香也有助於提升整道菜的風味。名人坊的富哥鄭錦富，除了傳統的粵式豉椒炒，還有一道涼瓜炒肚尖呢！以涼瓜的甘香、脆口去平衡、呼應肚尖的味道以及口感，不失為聰明的做法。不同菜系，不同手法，看到不同料理的風格背後，人們對於味道追求的智慧。

來到烹調的部分了，如此刁鑽的食材，馬失前蹄的話，就滿盤皆輸了。肚尖一般都會用醃料醃過，所以，炒之前都會「拖水」，拖至七成熟，這樣可以「拖」去醃料的味道之外，接下來以文火也可快炒，受火時間短而熟度恰好，才不會因為纖維在溫度裡以秒計的收縮變得韌口而咬不動，而且一旦炒得稍微過久，肚尖就會出水，不但失去爽脆口感，賣相也不夠乾爽，有欠水準。

前輩唯靈在《飲食男女》裡有一篇文章記載了另一道名菜「油泡肚尖」，如今在坊間鮮有見到，可以藉著文字想像一番：

「取豬肚厚的『肚尖』部位，泡炒作『油泡肚仁』是歷史悠久的『撚手名菜』，清代美食名家袁子才所著《隨園食單》也有記載泡炒肚丁之法，泡炒豬肚尖爽脆可口，可惜每有鮮味淡薄之弊，所以有

此缺陷乃因多用梳打食粉或鹼水醃過，導致真味流失。

順德廚師針對此弊戒除『落降』陋習，讓豬肚尖以真面目示人，口感爽而不脆，但原味不失有鮮美之妙。

區區聞說有醃肚仁必爽的妙法，是把活水蟹搗碎取汁作醃料，既能達到口感爽脆之目的，更有保存鮮味之妙效。

所聞如此，不過區區並未親自驗證過，有興趣者不妨一試，八十年代出版《順德菜精選》有『油泡肚仁』之法。」

另外，唯靈先生的文章也示範了此菜的做法，步驟並不複雜，相信專業大廚一定做得到！關於上述的「活水蟹搗碎取汁作醃料」，我向本是順德人、也精通順德菜的澳門永利皇宮永利宮譚國鋒師傅查詢，他說確有其事，因為活蟹的汁含有酵素，是天然的鬆化劑，並且其鮮味夠活，所以能夠一石二鳥地達到鬆化和提鮮、去豬肚羶味的效果。譚師傅也說到，有時候廚工的雙手接觸蟹汁多了，也會令肌肉有灼傷的狀況，可見水蟹汁能令肉質起變化。另外，重點來了！採取這種做法的好處，是肚尖在落鑊前不必拖水：「如果醃料沒有蘇打、鬆肉粉、食用鹼水等化學劑，就不必經過拖水步驟去除『化學味』。」（原來如此！）肚尖不經拖水，就不必落入惡性循環中：因為拖水，食材味道會流失，味道流失了，炒的時候，又要加入味精等強烈的「增味劑」把味道做出來——唉！乍聽之下，真是廚房裡的無間地獄，一層層墮落。所以，在一開始就走正路是多重要啊，才不會為了彌補一個錯，又犯另一個錯，然後不經反省地無知下去。而我最為憂心的，是這種添加劑的濫用省卻了步驟、時間，會導致許多寶貴的烹調智慧漸漸失傳，就好像這裡說的，以活水蟹搗碎作醃料，如今就未必個個粵菜師傅都懂了。

江南百花雞

在馬來西亞長大，對「江南百花雞」這道菜並不感到陌生，因為小時候隨父母去飲宴，常有這道菜的身影。不同的是，當時吃的都是炸的脆皮版本（想來更貼近馬來西亞人的口味），來到香港以後，才有機會吃到原版「蒸」宗的做法。

已故粵菜名家江獻珠老師說，這道菜「有雞之名，無雞之實」，說得太貼切，也能瞥見上一代廚師把創意和技術結合起來的典範——找不到這道菜的來龍去脈，只知道是出自昔日廣州四大酒家之一的文園，乃是其代表作，上世紀紅極一時，「風靡整個廣州食壇」，江老師這麼形容。也許，不過是某一天，廚師心血來潮，想要做出一道「見雞不是雞」的菜式，以求入口的剎那間取得驚艷連連、拍案驚奇的效果，而開始鑽研，逐步把想像透過做菜的技法呈現出來。

做江南百花雞，首先要將整隻雞起皮而不撕爛，以保留原狀才能做菜，這點難度甚高，不過現在大可請雞販代勞，省卻時間和功夫——年輕大廚想學這道菜，建議還是從起雞皮做起吧，基礎才紮實。接著就是把準備好的蝦膠釀在鋪平的雞皮內，接著把它反轉，置於碟上，就可以拿去蒸熟了。蒸好以後得要斬件再拼回一個雞的原形（所以頭尾在一開始都要保留並一起拿去蒸），打個玻璃芡淋上去即可上菜，乍看就真的如一道雞餚。

當年這廚師的創意堪稱前衛，而且心思細膩——蒸好再斬件的「雞」難免有點兒放涼了，而且蝦膠釀雞皮，口感和味道也未免單調，所以最後打個芡，就能一石二鳥地解決問題了：藉此給菜餚回溫之餘，「雞件」入口滑溜口感佳、食味層次又能提升。這就是廚師的智慧。

至於為何蝦膠喚作「百花」呢？原來，這個芡是白菊花上湯芡，以求賣相清雅，但中國人忌諱「白花」，就取其諧音，叫「百花」。據悉，後來進化的版本，是夏末秋初用夜香花，秋末冬初用白菊花，時令分明。

江老師說，由於這道菜的風行，令蝦膠入饌的菜式開始普及，並且沾上百花雞的光，稱為百花什麼什麼的，從此「百花齊放」。難怪！今時今日到處都是百花菜式，從庶民到高級版皆有之，都拜百花雞這始作俑者所賜啊！

在香港吃過江南百花雞的次數不多，在灣仔留家廚房吃過兩三次的是最原始的版本，賣相淡麗，入口清鮮，正正是粵菜味道的神髓。

中環大班樓做的是炸的版本，卻跟我小時候吃的大為不同——兒時吃的，是雞皮蘸上脆漿去炸，表皮就像炸雞皮般鬆脆。大班樓做的，是粵式炸子雞和百花雞合二為一，雞皮經過風乾、上皮水等步驟，所以炸起來色澤紅亮、吃起來輕脆如紙，跟釀在一塊的蝦膠入口，惹味至極，完全是百花雞的新生命。

變奏版本做得出色的，尚有澳門譽瓏軒的珊瑚百花雞，採取的是蘸脆漿去炸的做法。脆漿調得極出色（譽瓏軒的拿手招數之一），炸得酥鬆脆口，蝦膠異常鮮爽彈牙（可能跟處理方式有關？譽瓏軒用西菜把肉錘鬆的小錘去剁鮮蝦，用這種小錘去剁的話，蝦不會被剁得太爛而能保持口感），而菜名中的「珊瑚」則是指蟹黃芡，上湯勾芡後加入蟹黃煮十秒，就可淋在已斬件的百花雞上，然後上桌。此菜香口之餘，帶著蟹黃芡的腴美滑溜，好吃得緊呢！

鴨腳包

在吉隆坡長大，鴨腳包於我而言，是兒時的味道。鴨腳包，也有人叫做鴨掌包、鴨腳紮，說的都是同樣的東西。

吉隆坡市中心的茨廠街，是華人商販聚集之處，小時候在這裡吃豬雜粥、雲吞麵、福建麵、茶樓的蝦餃燒賣……買回家的有蓮蓉或豆沙餡的嫁女餅，還有，一檔叫做「四眼仔」的鹹鴨，以及鴨腳紮——當地人一致叫做鴨腳包。「四眼仔」只賣這兩樣東西，遠近馳名。所謂的鹹鴨是獨家配方的燒鴨，但比起一般燒鴨鹹香惹味；而鴨腳包明顯是利用「廚餘」來加工處理的二度創作：鴨腸紮著鴨腳和鴨腳刷上醬汁去燒製，非常濃惹。鴨腳包的賣相並不太吸引，乍看就是被滷汁緊緊包裹著的一團東西，咬開以後就是一整個熟透的鴨肝。味道雖然甘香可口，但確實也有點兒膩。這是屬於「大堆頭製作」的鴨腳包。

十幾年前在香港住下來，接觸了香港版鴨腳紮，發現理念跟我從小到大吃的鴨腳包一致，只是內容的變化較多，較有彈性。譬如我們飲茶吃到的鴨腳包，用腐皮作為外衣，捲著鴨腳、冬菇、芋頭、豬肉，然後蒸熟，淋上芡汁一起吃。據說點心版本的鴨腳包是由燒臘版本演變出來的，我也相信這說法——且看另一道「廚餘名物」金錢雞，不就是跟鴨腳包的發展如出一轍嗎？運用製作燒臘時餘下的物資，以一雙巧手將之變成另一道菜。隨著時間流逝，這些吃食雖然漸漸式微，但反映時代面貌的價值無法被取代：不管是金錢雞或鴨腳包都被視為窮人恩物，吃不起燒味，用剩餘的邊邊角角加工，成另一道佳餚，價廉，但滿足感是一樣的。

上網找資料，關於廣東的鴨腳包或鴨腳紮的出處都說得簡單，介紹大同小異：是廣東的傳統燒味，或是茶樓食品……倒是意外發現安徽有名產鴨腳包，而且關於來歷的介紹詳盡得多了：「鴨腳包起源於上世紀三十年代末水陽『錢文紀板鴨店』的水陽鴨腳包、鴨翅膀，直到改革開放後，才有了它蓬勃發展的新天地。」水陽是安徽宣城市的一個市鎮，因為有繞鎮而過的水陽江，是宣城直達長江的黃金水道，因此被開發成商埠，在古時享有美譽。水陽乾子（豆腐乾）、鴨翅、鴨腳包被稱作「水陽三寶」，是當地源遠流長的著名小吃。水陽專賣鴨翅和鴨腳包的老店可不少，有老徐鴨腳包、錢老大鴨腳包等，還可透過淘寶代購呢！讀到這裡不禁心生疑竇，難道燒味版本的鴨腳包是從安徽傳入廣東，是人們遷移的「混籍」產物？

正當心感疑惑，感謝友人伍餐肉傳來「橫山鴨腳包」的資料，疑團逐漸解開！官方所頒的牌匾顯示，鴨腳包在珠海市斗門區於二〇一七年被列入非物質文化遺產，但官方少有宣傳，只由饕客口耳相傳。根據網上資料，珠海的鴨腳包源自蓮州鎮橫山村一戶姓趙的人家，自光緒年間發跡，是以在當地非常有名，更影響了一整個地區，家家戶戶在秋冬都會製作鴨腳包。不過，投入市場標準化生產，卻是這三十年才發生的事。這珠海的鴨腳包，做法是這樣的：採用傳統醃製的鴨下巴、鴨翅膀、鴨腳，每個鴨腳包中間裹以特殊醃製的鴨肝及臘肉，外面用特殊醃製的鴨腸纏繞。製成後蒸熟即可食用。如果以時間長短推算，鴨腳包極有可能從珠海傳入安徽！珠海鴨腳包，也應該是我們熟悉的廣東燒味版本鴨腳包的原型呢！

鴨腳包工序繁複、利錢不高，可以想像時代的步伐不太容得下這樣的產物。中環文華廳會將這道老菜重現人間，亦全因客人的要求。行政總廚黃永強說，他有一位在 Facebook 上結識，擔任芭蕾舞舞者的年輕女客，是她問起：「師傅，香港哪裡有鴨腳包賣呀？」當時他這麼回答：「蓮香、陸羽可能有吧？以前的燒臘店普遍都會賣，但這二三十年都幾乎絕跡了，我從未試過在任何燒臘店、餐廳坐下柯打鴨腳包來吃。」後來黃師傅回到文華廳跟他的燒臘師傅阿達商量，看看能不能把它再做出來？「阿達是個很有耐心、很願意花心思的廚師，他實驗過多次，不斷鑽研，就成功做出鴨腳包了。」這鴨腳包的餡料有燒肉、叉燒、醃過的雞肝、芋頭，當然還有用來定形的鴨掌和鴨腸。文華廳做出來的鴨腳包非常骨子，很有可能是芸芸鴨腳包版本中最為精緻的，黃師傅歸功於阿達師傅肯下功夫去反覆改進：「材料大小，怎麼切都要不停調整，一開始不是切得太小，就是過大，每種材料受熱程度不一，燒出來之後會變形。最後我們決定將所有材料一致切成條狀，根據受熱程度來決定其厚薄，最為合適。然後就是用鴨腸去紮，鬆緊也是關鍵，紮得不夠緊，切出來便不夠美觀。」其他的工序包括鴨掌要用生抽撈過、炸過再炆過，芋頭先炸過，鴨腸「飛水」。來到燒製的部分，先用三百度大火燒五分鐘，接著就是二百度燒二十分鐘，一共二十五分鐘。黃師傅解釋：「我本身喜歡吃帶點燶邊的叉燒，夠香口，但實驗後發現一直用大火去燒，燒出來很乾，鴨腸亦很容易斷，就試試比較低的溫度去燒。結果，低溫燒出來的，又不夠香口。後來嘗試先高溫後低溫去燒的效果最好，就決定了這個做法。」

做法

鴨腳包

香港文華東方酒店文華廳
行政總廚黃永強師傅

1
文華廳不但將鴨腳包重新演繹推出，還做出了很有可能是史上最精緻的版本。

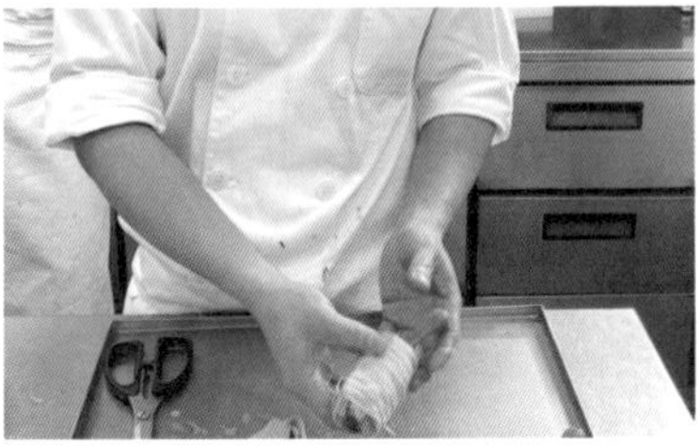

2
中環文華廳的燒臘師傅阿達非常巧手，鴨腳包經他演繹，有了更為精緻的版本。

3
鴨腳包的材料，有燒肉、叉燒、醃過的雞肝、芋頭，當然還有用來定形的鴨掌和鴨腸。文華廳團隊經過反覆實驗決定將之切成條狀，厚薄則是視乎個別素材的受熱程度。

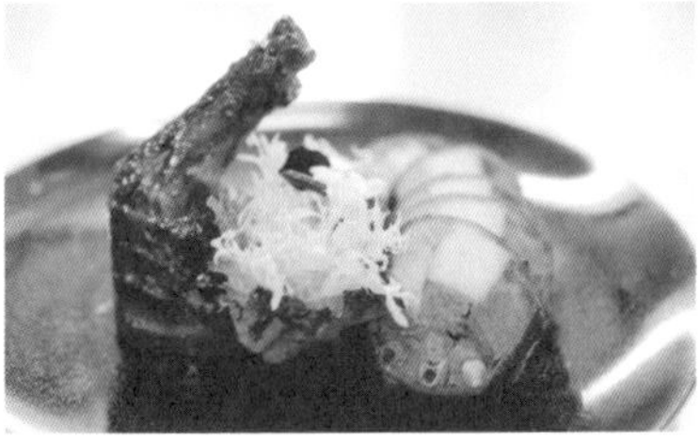

4
燒製時先用三百度大火燒五分鐘，接著就是二百度燒二十分鐘，一共二十五分鐘。

源於廣東

豬肚鳳吞燕

法國菜有一道 Poularde en vessie，是把松露釀入雞皮下，然後把雞隻套入豬膀胱裡頭，再放進高身煲去煮，以「隔山打牛」得到慢煮效果，百年來被視為國粹。即便在慢煮廚具發展成熟的今天，仍不時有餐廳以這道菜作期間限定，向經典致敬。

在家全七福吃豬肚鳳吞燕的時候，我想，這一道也值得享有國粹的待遇，但相較於其他料理，中菜長期處於一個被低估的位置，一人兩千元去吃上述的松露雞，人們會覺得物有所值；一份豬肚鳳吞燕（而且用的是官燕）可供六人享用，賣四千元，一般人就難免猶豫了——這裡不談論價值觀設定的前因後果，而是想說料理絕對是文化保育的一部分，繁複的手工菜若是沒人承傳，就會失傳，無形中就慢慢削薄了一個民族的文化基底。

如果要我說粵菜的精髓，就是透過烹調方法把優質食材的真味推向極致，提升為桌上佳餚，而豬肚鳳吞燕絕對是其中的代表作。源於潮州菜鴿吞燕／翅，把四五兩重的鴿子起

骨以後，塞入燕窩或魚翅，然後放入上湯中蒸煮數小時，鴿腔裡的材料吸收了湯的鮮美，而鴿肉的精華又滲入湯裡，令湯味更為香醇豐潤，滋味無窮。來到粵廚手中，可鴿可雞，所以有了鳳吞燕／翅，一樣要把雞起骨再釀入材料，講究手工（起骨時若是不小心，很容易把雞身捅破）和熬製上湯的水準。家全七福的主理人七哥說，十幾年前，有位客人向他提議，說能不能把豬肚包住雞，雞裡面又釀入材料去煮呢？七哥覺得這概念可行，遂動手實驗，成功研發豬肚鳳吞燕／翅。隨著環保意識提高，近年食客選擇官燕多於魚翅。有了豬肚包在外層，豬肚和雞肉的鮮甜同時融入上湯中，加上啖啖官燕，三種精華交萃，腴美絕輪。吸了上湯的豬肚，切片後蘸豉油吃，也是一大美味！

此菜手法嚴謹、賣相雅致，很有名門大家的氣質：晶瑩透亮的官燕盛載於金黃湯色中，盤飾簡單，畫面相當悅目。沒吃過魚翅版本，但不難想像這吸味之物帶來的食味，以及條條剔透浮載於湯中的精緻感。跟好友張聰討論過，大概也只有燕窩和魚翅，能在雞身被剖開時融入湯中，而不會把湯色變得混濁，好吃之餘又保持賣相美觀。這是高層次廚師的思維，只可惜看得懂的人不多，中菜就這樣被低估了。

源於廣東

威化雲吞蝦

故事，得從南丫島漁村酒家說起。要不是他們還在做這一味，這根本就成為「已消失」的味道，遑論留下任何紀錄。漁村酒家屹立在索罟灣已有五十年，創辦人姜氏夫婦早年把酒家所屬的那塊地買了下來，連同私人碼頭，是以週末泊滿開著私家遊艇來開餐的饕客。免去租金的煩憂，酒家就能專注在出品，多年來靠著口碑不愁生意，從無大搞宣傳，因此帶著幾分神秘感。第二代主理人 Tina 總愛用「鄉村野店」來形容自家生意——也許，正正是這樣與世無爭，可以「做自己」，才留得住輕易隨著歲月流逝的味道，譬如威化雲吞蝦。

據 Tina 所述，用威化紙做點心，七十年代於香港曾短暫流行，但因為油溫控制極考功夫，餡料一出水就變得軟塌，口感面目全非，吃力不討好，所以早年曾見於酒樓的威化芒果帶子卷、威化春卷……都已統統消失。所謂威化紙，是用糯米米漿製成，透薄細緻，就好像大白兔糖外層那張能吃的紙。Tina 說，他們的廚房製作威化雲吞蝦之際，必須停下其他工作專注於此，才能做好：一人剗活蝦，一人將蝦身的水抹乾，一人用威化紙包蝦，一人炸蝦，這樣才能得到完美效果。油溫度數得要有多高？要炸多久？全是功夫。所以，在生意繁忙的週日，酒家絕不做這道菜，免得出品不佳。

跟大廚好友張嘉裕討論過威化系點心，他更具體地指出，威化紙用生餡去做極難駕馭，因為生餡要炸得較久才會熟，但威化紙不耐炸，稍微炸得久就會變焦黃，要內餡熟而外層保持金黃色澤，難；可是，用熟餡入菜，又會不好吃。而漁村酒家用活蝦做這一味，是反反覆覆實驗了多次以後取得了成果才正式推出！

原來，姜父是淺水灣拯溺會的創辦人，在六十年代末，會所中有一位廚師擅做此菜，姜母非常愛吃，當年的漁農處（即

今「漁農自然護理署」）署長太太 Riddle Swan 更稱它為「淺水灣雲吞」！原裝版本的做法是將威化紙包住蝦膠加鮮蝦去炸，Tina 說，母親在二〇一四年過世，為了紀念她才決定把它重新演繹。憑菜寄情，失傳菜得以重現世間，一份難得的味道，隨著對親人的思念，有了流傳下來的機會！

人間有味

人間有味

鷓鴣粥

粵菜當中有一道經典的「冇米粥」，那就是雞蓉鷓鴣粥。對於此粥的出處眾說紛紜，維基百科上寫說，「傳說是三十年代的澳門，有人消遣後喉痛聲沙，需要可降火以及容易下嚥的食物，遂有人將可以止痰化咳的鷓鴣做成肉糜而有了鷓鴣粥。」又曾聽說，以前的大戶人家，老人家無牙難以咀嚼，所以想出以雞肉、鷓鴣剁成蓉之後熬煮，有湯水的好消化，又有吃粥的飽足感。翻查資料，灣仔六國酒店中菜廳粵軒曾做懷舊粵菜推廣，主廚在接受訪問時表示，鷓鴣粥乃是五、六十年代非常流行的家常粥，主要是讓小孩吃了定驚。到了八十年代，因為食材種類開始多元化，這道佳餚便逐漸被遺忘了。

年輕一輩大多對鷓鴣聞所未聞，會問：是鵪鶉嗎？鷓鴣不是鵪鶉，但同屬雉科，是細小雀類。鵪鶉比起鷓鴣更小，約拳頭般大小；而鷓鴣的體積則接近鴿子。在粵菜裡頭，鷓鴣常用來燉湯，因據說牠愛吃有苦味的半夏苗，所以其肉有極佳的化痰止咳功效，加上性溫味甘，能補虛健胃，被粵廚用作滋補食材。有首詩這麼說：「暖戲煙蕪錦翼齊，品流應得近山雞。雨昏青草湖邊過，花落黃陵廟裏啼。」說的正正是鷓鴣。鷓鴣又有平民版山珍的稱號，李時珍在《本草綱目》裡提及，鷓鴣能補五臟、益心力，因此又有「一鴣頂九雞」的說法。姑且不談滋補功效，鷓鴣肉清甜馨美，用來燉湯，湯味確是醇和馨香清甜，所以深受喜愛。然而現在野生的鷓鴣少見，一般在街市雞檔見到的，都是飼養的貨色。這裡就不免有個疑問了，飼養的鷓鴣是否還會被餵飼半夏苗呢？皆因野生鷓鴣愛吃半夏苗，鴣肉才有化痰止咳的功效——飼養的鷓鴣倘若只被餵飼一般飼料，這方面的效果恐怕是心理作用多一些吧！

正宗的鷓鴣粥，必定沒有米，純粹以鷓鴣入饌。真材實料的做法，是得用鷓鴣熬成上湯作底，鴣肉剁成蓉、蒸熟的參薯亦剁蓉，加入蛋白，煮成鷓鴣粥——你也可以說是一道湯羹。酒家的做法，因為廚房備有一鍋上湯，是以會用上湯作底，再把雞蓉、鷓鴣蓉、參薯蓉、蛋白去煮成。據悉，現在也有用木薯粉、馬鈴薯粉取代參薯做此菜，想來是為了更方便些。兩年多前，半島酒店嘉麟樓推出懷舊粵菜菜單，總廚梁燊龍則是用淮山取代參薯。據他說，這樣一來，成品口感會更滑溜細膩。有心鑽研此菜，都可以在這方面用不同材料多試幾個版本，多作比較。另外，若要吃得高級點，可以加入官燕，成為官燕／燕液鵪鴣粥，添一分貴氣，也多一分養顏功效。

已故的江太史孫女、粵菜泰斗江獻珠老師，曾撰寫了燕窩鵪鴣粥的食譜。當中她提到，「百年前沒有攪拌機，廚子只好用刀剁，撕出熟肉剁碎比生剁容易，我想就是這個古譜的來源。今日的食材已遠遜昔日，但勝在廚具科學化，我們拿着古方，不能墨守繩法一成不變，稍動腦筋利用攪拌機，取長補短，又有何不可？」於是她的食譜有了一點變通，將鵪鴣肉切成肉粒之後，放入攪拌機，加入冷的鵪鴣湯以及調味料，打打停停至成為肉漿為止，再加入蛋白打成糊狀；另外就是將參薯和鵪鴣湯打成幼滑的參薯蓉，最後就是用剩下的鵪鴣湯煮開，按次序加入參薯蓉、燕窩和鵪鴣肉漿，煮成燕窩鵪鴣粥。有興趣實驗的讀者，可以買一本《珠璣小館烹飪技法實錄——家饌5》翻查詳情。

人間有味

蟹肉上湯片兒麵

吃麵，不是北方人的專利，南方人也愛吃麵，卻吃得貴精不貴多。粵菜是八大菜系之一，但源自廣州的麵食，只有大家熟悉的雲吞麵和乾燒伊麵。然而粵麵延伸出千變萬化的做法，從注重湯頭的湯麵、需有臨場發揮水準的炒麵，到配料、高湯、調味、火候均要拿捏精準的燴麵等等，反映粵人「食不厭精，膾不厭細」的精神。

事實上，粵麵裡頭，有一道失落的片兒麵，年輕一輩多數見所未見、聞所未聞——坦白說，我也好不到哪裡去。在南洋長大，從來不知有片兒麵，直到一年多前，有一次在家全七福餐聚，由大師姐親自寫菜單，單尾她就寫了「蟹肉上湯片兒麵」。當時一吃愛上，大感新奇，上網做做功課，方知這是一道備受諸位知名食家推崇的懷舊麵食，而且是不折不扣的粵人麵食！經過一番地毯式搜索，它的身世終於有點眉目：根據廣州《羊城晚報》記者王

敏的報導，片兒麵在三十年代於廣州非常流行，就跟雲呑麵一樣普及。據悉當時廣州有一家叫做麗都的麵店，所做的片兒麵最為有名，做麵極其講究：麵糰以全蛋麵、黑芝麻和芫荽打成，再以利刀切成菱形，放入豬油鍋炸好。然後片兒麵放入雞湯，和蟹肉同煮一會，之後加入蛋白兜一兜打個芡，就可以起鍋了。相信這是最早期的片兒麵做法。另外，曾經聽說片兒麵乃是由家中剩下的雲呑皮加入湯中煮成麵食演變得來，有沒有人能證實這一點？

片兒麵傳入香港，做法統一為蟹肉片兒麵，不知誰是始作俑者？此麵食在發祥地已經式微，香港仍在做的酒家更是寥寥可數，應該不多過五家。我吃過：一、陸羽較貼近古早做法，雲呑皮炸過再放進上湯裡，所以湯色也被暈染得帶奶白色，麵吃起來似腐皮，很香口，但蟹肉分量不多；二、家全七福將此麵食精緻化，雲呑皮沒炸過，所以吃起來滑不溜口，上湯醇厚鮮美，鮮拆蟹肉分開上，免於盛在湯中糊成一團，因為湯頭夠精彩，所以即便沒蟹肉，純粹只吃上湯片兒麵也無比美味；三、九龍某富豪飯堂，半年多前去吃的，應該是掌握不到做法，湯芡太厚變成了羹，麵皮在裡頭都浸軟了，叫人吃得不是滋味呢！

人間有味

五香葵花鴨和金華玉樹雞

澳門永利宮的譚國鋒在接受台灣美食作家高琹雯訪問時曾經這麼形容勝哥：「他每一道菜都是一個故事。這種手藝，如果他不做自己的私房菜，這個世界就沒有了。」的確，許多瀕臨失傳的手工菜，近年來還真的多虧勝哥的一雙巧手，將最精緻、最精彩的版本呈現在一位位食客面前。有時候去吃飯，跟他聊著聊著，他口中會忽然爆出一兩道老菜的菜名，當然又會引來我鍥而不捨的追問，譬如這一道五香葵花鴨，相信很多人連名字都沒聽過。

「這道菜在七八十年代的澳門曾經非常流行，但後來就越來越少見了，可能跟飲食習慣改變有關吧！同期流行的鴨饌還

有荔蓉窩燒鴨、西檸窩燒鴨等等。這道五香葵花鴨，鴨子是要用八角之類的香料，還有薑蔥等料頭醃過，然後跟火腿片、筍片、冬菇片、豆腐片等材料在大碗裡疊好，拿去蒸。蒸好之後，再反轉扣在碟子上，再勾個薄芡，就可以上桌了。」倒是可以理解「五香」是指醃鴨子的香料，那葵花之意又從何來？勝哥說：「因為材料都在大碗裡排好去蒸，倒扣出來的形狀像一朵葵花嘛。」原來如此。勝哥說，這一道五香葵花鴨類似於金華玉樹雞，不同的是，後者必須全隻雞起骨，鴨的做法則是會有一些部分保留骨頭，因為有骨頭，味道會更豐富。那麼，荔蓉窩燒鴨、西檸窩燒鴨，又是怎麼一回事？「其實做法都差不多，西檸的版本是把豬肉、洋蔥作餡釀鴨子，然後拿去炸；荔蓉的版本則是用芋頭蒸熟搓成蓉，然後鋪上蒸熟的鴨肉，壓成方形，再拿去炸。」喔，這荔蓉的版本倒是有吃過，香港的老菜館都叫做荔蓉香酥鴨，跟澳門叫法不同。

因為工序繁複，現在懂得欣賞的人亦不多，菜單上提供金華玉樹雞這道老菜的飯店寥寥可數，家全七福是其中一家。其實金華玉樹雞的做法、配料跟五香葵花鴨大同小異，只不過雞隻必須先在低溫的上湯裡浸過，再放進冰水裡降溫以收縮雞皮和雞肉，令其爽滑、彈牙，然後才將全雞起骨、斬件。雞件和跟其大小一致的火腿片、筍片排好後，再拿去略蒸，上桌前淋上玻璃芡，再以翠綠的芥蘭圍邊，是以得名「金華玉樹」。

這兩道異曲同工的菜，只知道都是源自順德，但出處無從追溯：網上查不到資料，問過許多中菜師傅，他們亦表示不太清楚。有食友分享說，那是以前大戶人家的傭僕成群，這些傭人當中免不了有幾個做菜巧手的媽姐。她們為了讓家中老人吃些不必吐骨、食材柔軟同時味道豐富、有芡汁好下飯的菜餚，創作了這種貼心的菜式。想想並無不可，只是這版本屬實與否，看看有沒有讀者能提供資料？

雞絲釀芽菜與玉簪田雞腿

釀菜是順德菜的代表作之一，媽姐的巧手更是把樸實的家鄉菜提升至大戶人家的格局，以品味觸覺將之精緻化，有了百花釀芥膽這種釀菜的高級版。從這個脈絡來看，雞絲釀芽菜、玉簪田雞腿這兩大菜式，應該稱得上是釀菜的終極版吧？尤其是前者，絕對是手工菜裡如同人類追求登陸火星般的難度挑戰等級。

先說說雞絲釀芽菜吧，我一直以為這是順德菜的代表作，直到好幾年前到揚州出差，在香格里拉大酒店的中餐廳香宮嚐到了火腿釀芽菜，大感驚奇——難道英雄所見略同，原來淮揚菜裡也有如此類近的菜式？金華火腿以人手拔絲，然後在芽菜中心穿針捅出個孔洞，接著把火腿釀進去，再拿去烹煮即成。材料毫不稀奇，矜貴的是手藝和耐心，完全反映了「化平庸為神奇」的精髓。因為好奇而尋找資料，才驚覺「釀芽菜」這一道菜的淵源可追溯至孔府菜，而且跟乾隆皇帝有關！

為何百姓的尋常小菜，能登上御膳的大雅之堂？原來跟乾隆到曲阜祭祀孔子有關。當時孔府準備了滿漢全席招待乾隆，但偏偏乾隆吃膩了山珍海味，一道道珍品原封不動地撤掉，配膳的衍聖公很著急，於是傳話要廚師們想想辦法。其中一位廚師看見有鮮豆芽，靈機一觸，就用花椒起鑊，做了個熗炒豆芽。乾隆吃得魚翅多，反而對粉絲大感驚艷，這一道菜深得他的喜愛，芽菜頓時一登龍門身價百倍，正式成為孔府菜。

至此，芽菜盛行不衰，達官貴人都喜愛，因此越吃越嘴刁，廚工要求越來越精細。根據網上資料顯示，清代食品專著《清稗類鈔》記載：「豆芽菜使空，以雞絲、火腿滿塞之，嘉慶時最盛行。」此後豆芽的高級菜餚不斷演化，孔府菜譜裡有一道「翡翠銀針」，那就是「廚師將豆芽的兩端掐去，取中間的粗胖的部分為豆莛，用細竹籤穿空豆莛，在其中塞入火腿肉絲等料，或用竹籤向梗裡面裝雞肉泥、火腿泥，釀成紅白兩種，再清炒入盤，色彩味香均屬絕佳。不過，這可是很費功夫的菜品，就是兩個熟練的廚師，尚需做幾個小時，方能端上餐桌。其細膩程度之高，非一般菜式能與之比擬。後來孔府豆芽菜有推廣到了民間，各地都仿效起來，不過，孔府名菜還是孔府製作得最精，為了長盛不衰，孔府專門設了一個『掐

豆芽』的勞動部門，稱作『掐豆芽戶』，也算是中國飲食史上罕見的了。」（出處：徐珂的《清稗類鈔・飲食類三》、《每日頭條》）

由此不難推測，順德菜的雞絲釀芽菜，就是緊隨孔府菜精髓的延伸發展。香港名廚黃永幟曾在文章裡憶述到順德拍攝飲食節目時，遇上一位老婆婆。這位老婆婆的母親曾是大戶人家的傭人，老婆婆小時候就跟母親一起做菜，其中一道就是雞絲釀芽菜。寶刀未老的她當場為黃師傅示範這道菜式：先將雞胸蒸熟，然後細心地用手撥出一條條細如髮的幼絲；接著用針在粗身的芽菜上穿洞，把雞絲釀入這洞裡，然後把釀好的芽菜以高湯入味清炒。當天老婆婆為黃師傅釀了三十多條芽菜，就用了兩個多小時。

你說，這樣一道往細處琢磨的菜式，還會有人有耐心、有時間去把它好好演繹嗎？

有了雞絲釀芽菜這個基礎，玉簪田雞腿看起來像不像是它的放大版本？顧名思義，玉簪，就是古代婦女插在髮髻上的翡翠髮飾，而這道菜的玉簪，就是綠油油的蘭度／菜遠，釀入起出腿骨的田雞腿裡，玉腿玉簪，色調和畫面已是賞心悅目。有說這道菜的發明，來自於富戶人家愛吃田雞又嫌吐骨麻煩，於是令家廚想出了起骨後以蔬菜釀入，取而代之的做法。

玉簪田雞腿的難度有幾個點：一、田雞腿起骨的功夫，除了必須懂得挑斷筋膜，還有就是必須懂得使用力度，把骨頭輕輕地「推」出去，才不會捅破柔嫩的腿肉。二、蘭度切成手指般長短，把蘭度釀入退了骨的空隙中——這部分，有的廚師只用蘭度，有的會加入冬菇和金華火腿，無論如何，都要被田雞肉圈得剛剛好，這直接影響下鑊炒的時候的賣相。三、炒功，下鑊炒之前先稍微拉油，讓田雞腿的肌肉收縮，再正式炒的時候，火候控制非常靠廚師的功力和經驗，多一分嫌太熟，少一分又未能斷生，最重要的是，廚師要懂得看田雞腿肌肉剛好把蘭度纏緊來判斷它的熟度。

分別在不同酒家吃過這道菜，澳門勝哥私房菜做得最為令人擊節，每一條玉簪田雞的腿肉熟度都一致，如友人張聰說的，炒得剛好斷生，又不至於不熟，保持嫩口彈牙；中間的玉簪翠綠亮澤，咬下仍保持爽脆口感。另外，相信勝哥在起骨的時候，也把一些多餘的肉裁去了，腿肉小小的一圈，把中間的蘭度恰好纏緊不會有鬆脫感，賣相非常精緻美觀。勝哥系出鳳城，不難理解他為何能練成一身古舊粵菜的絕技，想起年輕廚師缺乏這種背景的接觸和訓練，老好菜式、爐火純青的手藝，坊間越來越難尋。未來，有可能透過文字的紀錄，才能勉強想像這種味道吧？

菜要做得好，食材當然是至大關鍵。現在的田雞，其肉味常被老一輩的人詬病大不如前。昔日，來自廣東、廣西和本地的田雞都很有素質，肉甜無比；但隨著香港的城市化發展，農田越來越少，本地田雞的供應也不斷減少，現時的酒樓好多時候都要依靠內地的養殖田雞供貨。泰國田雞素質還可以，肉質嫩滑，但肉味就不夠甜——時也，命也，很多時候，所謂消失中的味道，不是找不到廚師去做，而是再也找不到像昔日般優質的食材去把味道做出來。

百花釀芥膽

想來，順德菜對「釀物」情有獨鍾，最熟為人知的經典代表作莫過於煎釀鯪魚——將原條鯪魚起肉後（這裡已極考刀工，因為不能把魚皮戳破），切成薄片剁碎，再「撻」成膠，混入其他材料，如豬肉、蔥粒、蝦米之後，再「撻」，接著把這餡料釀入魚皮內，砌回整條魚的原狀，再放進油鍋裡慢火煎熟。

翻查關於順德釀物的資料，二〇〇五年，《飲食男女》有篇「釀菜」的專題，引述當中一段是這樣的：「釀，是個很古老的詞。早在《禮記・內則》已有記載：『鶉羹，雞羹，鴐，釀之蓼。』就是把肉、菜剁碎雜而和之的意思。中國的飲食文化中從不乏釀，其中尤以南方一帶的釀菜至為講究。廣府、上海、潮州、客家，都是南方釀菜的佼佼者。釀雞、釀鴨、釀魚、釀螺、釀大腸、釀豆腐……一樣是釀，卻釀出不一樣的驚喜。釀，是手功，是藝術，是精緻飲食文化的標誌。」

一如中菜有不同派系，釀物雖是廣東有代表性的菜式，但也能細分為客家、潮州和廣府派，當中，廣府順德，對釀物的精細度最為考究，相信跟自梳女媽姐在粵菜飲食文化的歷史脈絡中佔了一席有關：她們巧手精工、多以當大戶人家的家傭為生，富人對吃有要求，而媽姐們既有廚藝，又有女性對做菜的獨特細膩觸覺，進而發展出一系列「粗菜精做」的考究菜式。本來是鄉土菜式，經媽姐的手，變得柔膩精緻，層次頓時提升不少。甚至越吃越刁，連雞絲釀芽菜這樣好比駱駝穿過針眼的菜式也能想出來，實在令人讚嘆。

家全七福有一道非常「骨子」的古老夏天菜，那就是百花釀芥膽，比起坊間諸多的釀菜，這道算是最鮮為人知，也很能反映這種「駱駝穿過針眼」的精神。此菜只用菜莖頂端的三寸，其餘「粗枝大葉」的部分全部棄用，先用上湯煨過，放涼，再釀上蝦膠後蒸熟，起菜時以上湯埋個芡便行。成品賣相清雅，食味馨逸，吸飽了上湯味的芥膽軟熟，入味好吃，爽彈鮮美的蝦膠為它錦上添花。

要知道為何有吃得如此刁鑽的菜式出現，最好就是問七哥。他說六七十年前，大戶人家聘請的伙頭軍多數是順德媽姐，做的是順德家庭菜，如釀青椒、釀矮瓜等，吃久了，自然向難度挑戰，就有了釀芥膽這一味出現。食材很尋常，觸覺卻很精細，要懂得如何要求，才能想出「釀芥膽」這樣的進階版釀菜；廚工也要講究，才能把菜式的味道和美感做出來。比起刁鑽之最的順德名物：雞絲釀銀芽，我覺得百花釀芥膽到底吃起來實在些呢！

獅頭魚炒菜膽

只要走進鴨脷洲街市，輕易就能在海鮮檔發現獅頭魚的身影：一身金黃色魚鱗、頭大身小、身長三四寸左右吧。獅頭魚以前常被視為「雜魚」，價格廉宜，用來滾湯。大廚好友David是獅頭魚擁躉，每次在魚檔買一斤，拿到樓上的耀記請他們加工，最好的做法就是清蒸。獅頭魚肉質嫩滑鮮美，只是稍微多骨，吃的人要有耐心。事實上，所有肉甜味鮮濃的魚，都難免多骨，所以張愛玲才有「恨鰣魚多刺」這樣的一句話吧！

由於獅頭魚頭大肉少，就算不是用來滾湯，也是用來炸，魚頭魚骨全部炸得酥脆，省卻吐骨的煩惱。前輩食家劉健威先生曾分享，澳門一代賭王葉漢，喜歡獅頭魚嫩滑味甜，兼晚年咀嚼不便，所以想出享受此菜的妙計：請家廚把獅頭魚逐條拆骨起肉，用來炒脆嫩的生菜膽，易嚼好消化。傳開了去，此菜成為一道人人嚮往的功夫菜。

看似簡單，但說是功夫菜，卻一點也不為過：獅頭魚是嬌滴滴的小魚，要將之完整地起肉，甚考刀功。有記者訪問過葉漢的家廚鄺炳均，請他示範如何起肉，文字記載：「細小的獅頭魚，先用刀剔開魚身，用大拇指指甲一頂，將魚頭及正骨取出，剩下魚背及魚尾兩片魚肉，分量不多。炒一碟，需魚幾十條，光是起肉已耗半天才把魚肉起好。有客人柯打，就起火燒油，嫩油泡炒，至僅僅熟，一兜再兜，便可上碟。」（節錄自：《飲食男女》）

起肉要完整不穿，才能用來做菜，這裡已經花時間；下鑊炒的時候，更是炒功是否純熟的一大考驗，因為魚肉柔嫩得幾乎「吹彈可破」，炒的時候，火候當然重要，但力度、手勢更是關鍵，稍有閃失，魚身就會被捅爛，斷成碎片，賣相慘兮兮。理想的狀況，就

是雪白魚肉與青翠欲滴的生菜膽片片相間，白裡映綠，形狀大小相若。這一道菜，亦是平價食材精做的代表：獅頭魚兩斤，頂多能起七八両肉，還要起肉起得完整才能派上用場；而生菜膽，顧名思義，只用菜莖部分，一斤菜頂多能取出三四両來用——所以，真正懂得吃，不是只吃貴的菜式，而是懂得發掘平凡食材的最好做法、懂得怎麼在細節上要求。

如果嫌獅頭魚炒菜膽不夠麻煩，還有魚卷炒生菜膽！這裡說的魚卷，當然不是坊間粉麵店那種魚肉混入粉漿去做的輕食版，而是「貨真價實」地將獅頭魚起肉後，攤開魚肉，鋪上餡料捲起，煮的時候需走油再炒。昔日的魚卷不是用桂魚，就是獅頭魚，至於餡料則可以視廚師的喜好來決定，一般離不開筍絲、火腿絲、冬菇絲等。澳門的勝哥私房菜，勝哥做獅頭魚炒菜膽做得色香味俱全，看他做這道菜，就能明白何謂數一數二的高手：條條菜膽都有焦邊，但菜葉保持翠綠脆嫩，證明鑊氣夠之餘，時間掌控亦非常精準，才能讓焦香滾邊，菜葉又不會炒得老。最難搞的獅頭魚仍然條條完整，形態飽滿。添加的大地魚粉是重要的調味元素，讓鮮味更佳。

至於另一道異曲同工、亦是「消失中味道」菜系的魚卷炒菜膽，出自勝哥之手一樣無懈可擊。魚卷內包著膶腸、海蝦，比起純粹捲冬菇絲、火腿絲、甘筍絲等材料的難度要高，除了「魚包蝦」有一定難度，最主要是，要確定內裡的蝦跟外面的魚肉同步炒熟而且兩者同時保持嫩口。要是火候、時間控制不佳，很容易變成魚肉過老、內餡的蝦又不熟的狀況。把膶腸包進內餡是個極精妙的做法，膶腸的甘腴香口，將蝦鮮魚鮮推向極致，變化得婀娜多姿。

人間有味

琵琶兩生花

記得有一次帶好友，也是名廚陳嵐舒和她的先生張聰到家全七福吃飯，推薦他們試試蛋白琵琶燕，嵐舒一吃就愛上。還記得她說：「這菜真優雅，某個程度上也蠻現代的，一點也不像老粵菜。」她喜歡的程度是，回到台中以後，以她的法菜邏輯及技術做成 fine dining 版本的餐前小吃！蛋白香脆的部分她以酥皮代替，裡頭的餡料是蟹肉和燕窩，面層綠色的泡沫則是開心果打成。嵐舒解釋，因為開心果給予很豐富的甜味以及帶來油脂的飽滿，作用就如上湯芡於琵琶燕。這讓人意想不到的精彩變身，同時讓我對這樣的老好粵菜感到自豪！

琵琶燕是注定要成為經典的。其實相清麗，食味中有異常細膩、兩種性質不同的鮮味：蟹肉、勾芡的上湯（蟹有海產的鮮甜，上湯是肉和火腿熬成，如魚＋羊成「鮮」字的標準，海產＋家禽的組合能令味道更鮮）。至於蛋白給予黏性，以及煎過後帶來香氣；燕窩賜予更豐富口感，而最重要作用是吸味後的含蓄清美，扮演一個婉約轉折的角色。不相信的話試試看沒燕窩的版本，只是蟹肉混蛋白去煎，就變成粗枝大葉的上湯蟹肉餅了。

蛋白琵琶燕的做法是先將燕窩、蟹肉和蛋白按照比例結合，置放於湯匙上蒸熟定型，然後拿去將面層煎香，上桌前以上湯調個芡汁即可。這一味像大師級主理的壽司，有著完美無瑕的一體感，看起來簡單不過，裡頭卻包含了食味濃淡高低游走、調味觸覺、素材比例的拿捏。又像現代西菜，單一結構和質感（都是軟材質）中鋪陳出細微且精緻的層次與變化。造型以及食味優雅，如同真正名門閨秀的氣度，雍容在骨子裡。大戶人家愛以燕窩入饌，做法不外是放在湯或甜品中，主人家吃膩了，激發家廚創造新菜式，間接締造了經典，有了蛋白琵琶燕——話說，還有一道燕窩的菜式也是這樣被挑戰而創作出來的，那就是名人坊富哥鄭錦富的燕窩釀雞翼。

琵琶燕這一道菜，一些高級粵菜酒樓都有在做，但水準參差，有的吃起來只感覺到在吃蟹肉蛋白，燕窩少得可憐，幾乎感覺不到，因而無以形成蓬鬆口感。家全七福的琵琶燕，每一個都有差不多一兩燕窩，一分錢一分貨，食味、口感都是無懈可擊。

比起琵琶燕更早出現的是香煎琵琶翅。根據七哥解說，四五十年前做到會，大戶人家吃的都是琵琶翅。只不過十幾年前開始提倡環保，吃魚翅越來越被邊緣化，這道菜就漸漸不太流行，最後被琵琶燕正式取而代之，沒有列在菜單上。七哥坦言，他也至少十年沒做過這道菜了，因為聽我想為這些已消失／消失中的老菜做個記錄，就跟大廚龍哥夾手夾腳著手重做，不停實驗，將比例調整了幾次，方取得最滿意的結果。

七哥解釋，若是做魚翅版本，就會在餡料中用上蛋黃而不是只有蛋白，才能跟魚翅的顏色匹配，成品的整體色澤才會和諧美觀。做琵琶翅，難度比起琵琶燕還要高一點，因為含有蛋黃的關係，餡料很容易變得死實，所以一定要找出對的比例。這琵琶翅，由於用上蛋黃，煎過以後，香氣比起琵琶燕更濃郁，菜一端上來就聞到縷縷香氣；另外就是用上了群翅，吃起來比起燕窩嚼口更佳。儘管餡料裡有蛋黃和群翅，但竟然能做到如蛋白琵琶燕般鬆軟不緊實，很厲害！我覺得整道菜就像一個經過重組的香噴噴燶邊荷包蛋，味道當然更為豐富高級；淋在表面的上湯芡，就像是豉油了！不管是琵琶燕還是琵琶翅，靚上湯的提鮮提味，都應記一功。

這琵琶兩生花，燕清麗，翅明媚；一溫柔，一濃艷；誰都無法取代誰，誰又能映照了誰。

人間有味

珍菌玉荷包

第一次吃到珍菌玉荷包，竟然不是在大師姐家裡，而是在隨後拆卸結業的銅鑼灣怡東軒，眨眼間，已是差不多兩年前的事了。那時候，怡東軒兩位主將黃永強、饒壁臣師傅（現在已在中環文華廳安頓下來），跟大師姐學了戈渣這道菜以後，引發了他們做太史菜（又名江家菜）的興趣，便去了找江獻珠老師的食譜來研究，發現江老師做過「佛法蒲團」，後來大師姐根據老師的食譜自己改良了一些，增加了菇菌的分量，並且把菜名改為「珍菌玉荷包」。這是一道素菜，材料家常，但需要精做，黃師傅覺得有一定挑戰性，決定和拍檔饒師傅一起著手鑽研。黃師傅說，他拜大師姐為師後，更能體會太史菜的精神是一種對做菜的超高要求：不一定是用什麼名貴的材料，但一定要做得很精細，味道很精緻。確實，太史菜對粵菜面貌的印象是，透過材料的處理、標準化，溫度、調味的精準度，讓人明白到中菜原來也可以充滿細節感。

不管叫佛法蒲團、珍菌玉荷包，又或者是較為草根的原名：煎生根餅，顧名思義，就是把多種材料釀入生根裡，然後煎成餅。然而，這要是如表面聽起來那麼簡單，就不是太史菜了。大師姐也在文章中分享過，做這道菜的挑戰對她來說是最大的，比起蠔豉鬆的難度有過之而無不及。黃師傅做的版本如出一轍，首先準備多達十二種材料：冬筍、甘筍、木耳、竹笙、冬菇、雞髀菇、金菇菜、髮菜、沙葛、羊肚菌、蜜豆、粉絲，除了後兩者，其他全部切成大小一致的三毫米，之後就要個別處理。「冬筍、甘筍、木耳和竹笙都要先『飛水』；前兩者是硬身的材料，所以先下鍋。」黃師傅解釋。飛水後，把材料撈起待用，接著就將冬菇、雞髀菇、金菇菜、髮菜、沙葛、羊肚菌落鑊炒香，然後將之前撈起的材料回鑊一起炒，事先被浸軟的粉絲是最後才下的。黃師傅演繹這道菜亦有個人的手法，那就是加入羊肚菌粉調味，「是呀，這在江老師或大師姐的食譜裡都沒有，是我自己加入的，覺得香氣會更好一些。」

所有材料炒好後，再加入蜜豆撈勻，就可以釀入已經飛水浸軟的生根中。這時黃師傅的團隊運用了現代工具，那就是把餡料裝在常用於做蛋糕的奶油袋中，以擠出的方法釀入生根。黃師傅說，運用奶油袋使填釀生根的時候更順手、分量更精準。釀好後的生根，再用手輕輕地擠擠弄弄，整理成餅乾狀，封口，就可以拿去煎香了。

珍菌玉荷包是一道素菜，但多種材料互相配合下香氣紛陳：生根本來就富有豆品的香氣，煎過以後更香口，跟內餡一起入口，味道飽滿、豐富，素雅而不寡，甚是美味！傳統老菜裡，素菜已經少見，如此工序繁複精細的素菜更是少之又少。這未必是出自太史府邸，但江老師以太史菜的精神演繹，大師姐傳承，再來到黃師傅手上，又有文華廳這個平台可以發揚光大，美事一樁！

做法

珍菌玉荷包

香港文華東方酒店文華廳
黃永強、饒璧臣師傅

1
做珍菌玉荷包的所有材
切得大小一致，一律
米。

2
文華廳的團隊用奶油袋來把餡料釀入生根，更順手，分量的控制也更精準。

3
賣相樸實但食味精緻的珍菌玉荷包，是一道素雅的高級素菜。

大豆芽鴛鴦鬆

某日到富臨飯店飲茶，翻一翻菜牌，有一道菜令我眼睛亮了起來：大豆芽鴛鴦鬆。

相信很多人對於「大豆芽炒肉鬆」這樣的菜式並不感到陌生，家庭主婦只要有一雙巧手，都能做出這一道甚好下飯的家常菜。小時候我媽媽常做這道菜，看她備料時洗洗切切，耐心地將大豆芽切碎，差不多成豆蓉狀，又將豬肉剁成鬆，這過程已用上差不多四十五分鐘吧！過後就是下鑊炒，記憶中這個部分也快不來，主要是得先以乾鑊將豆蓉烘乾，那麼將兩者合炒的時候才不會出水——然而吃的時候可快得很呢！用來撈飯，五分鐘就可把整碗飯扒清光。這道菜看似簡單，但其實很講心機，後來在我們家飯桌上出現的次數越來越少，近年可說是完全消失，想來可能是跟爸媽做菜的體力下降有關吧？耗不起時間精力來精雕細琢。這道菜，時間和人工的成本是食材的好多倍，奢侈在骨子裡。一如其他不容於時代的菜式，都是「費心機捱眼瞓」又賣不起價錢。據悉許多酒樓在好幾十年前都會賣大豆芽炒肉鬆，但漸漸大家都不做了。

「炒鬆」可以說是粵菜裡具有代表性的菜式之一，從較為樸實的魚鬆、牛肉鬆，到講究刀功和精細感的鴿鬆、蠔豉鬆……各適其適，用生菜葉包起來一起吃，添一分清爽鮮脆。大豆芽炒肉鬆本來稀鬆平常，但今天回頭一看，從小在家就被這樣有細緻要求的家常菜滋養著，是多麼幸福。

富臨飯店的大豆芽炒鴛鴦鬆，就是在既有的基礎上，加入蠔豉鬆一起炒，是以名為「鴛鴦」。這在日本比較賣得起價錢，就留住了一道老好小菜。總廚黃隆滔「滔哥」說，其實以酒樓廚房的配備來說，無論是要將大豆芽切得細碎或剁肉鬆，都不算難度太高，只是做起來瑣碎又沒什麼利潤空間，就逐漸被淘汰出餐牌了。「上了年紀的人，特別喜歡大豆芽炒肉鬆作家常菜，也許是喜歡它夠香口吧！年輕一輩的，對這道菜沒什麼情意結，三十歲以下的，可能吃都沒吃過。」滔哥猜測，也有可能老人家喜歡吃大豆芽，但大豆芽偏硬，想吃就把它切碎吧！

富臨飯店出名用料靚，即便是將食材剁碎炒鬆，也堅持非日本蠔豉不用。「日本蠔豉香氣足，而且跟大豆芽、豬肉鬆配起來也很合拍。」看滔哥的示範，蠔豉需要蒸軟了以後，切成細條，再切成幼細的蠔豉粒。到了下鑊炒的時候，他的做法是先把大豆芽出水，接著將之撈起，瀝乾水，再用乾鑊把大豆芽烘乾，這樣便可闢去大豆芽的草青味，炒好的大豆芽也不會出水。大豆芽處理好了，就把醃過的豬肉炒香，在炒的過程要不斷用鑊鏟壓扁、撥鬆，才能稱之為「鬆」。炒香的肉鬆撈起，這時候把薑粒、蒜粒下鑊炒，接著下蠔豉一起炒香，最後加入大豆芽和肉鬆，兜勻成一體，即成。滔哥另外準備了炸米粉，用唐生菜把大豆芽鴛鴦鬆和炸米粉包起來吃，就是生菜包，香脆又惹味，可口得很呢！

大豆芽鴛鴦鬆

富臨飯店
總廚黃隆滔師傅

做法

1
大豆芽鴛鴦鬆的原材料，如果是在家裡做這一道菜，單單是切材料就耗上不少時間。

2
滔哥說，切大豆芽的時候，若要再講究些，可以將頭和梗的部分分開切，炒的時候也是兩個部分先後處理。

3
蠔豉也要切成幼細的一粒粒。

4
大豆芽鴛鴦鬆，可以用來下飯，也可做成生菜包。

羅漢炒鮑甫

羅漢齋，耳熟能詳的一道中式小菜，有說此菜由來乃是集齊十八種材料，符合佛經中釋迦牟尼佛得道弟子「十八羅漢」的形象，以此為名。作為齋菜中的名菜，羅漢齋的典故甚是有趣，據「米芝蓮指南香港官網」上的介紹：「有一年農曆二月十九日觀音誕，十八羅漢為了測試觀音，來到一座觀音廟，大喊：『餓極了，快餓死了！』觀音塑像眼睛忽然一動，新鮮熱辣的飯菜即時出現在神桌上。十八羅漢吃飽後，又到觀音庫內將食物、布疋拿走。後來十八羅漢有感打擾了觀音很不應該，想到以送禮來報答，就把向挨家挨戶化緣得來的齋菜，組合成一個菜式，請觀世音菩薩吃，『羅漢齋』就是由此而來。」這道齋菜的歷史源遠流長，來到清朝的時候因乾隆皇帝而名聲大噪，從此成為歷久不衰的名菜——「在雍、乾時期，上海城隍廟香火鼎盛，乾隆三十八年，乾隆皇帝微服到城隍廟，參拜後往廟旁的隆順館素菜館吃羅漢齋，因美味而大讚。隆順館從此名揚江南，也引來其他素菜館仿傚製作羅漢齋，自此，羅漢齋便成南方素菜館的一道必備菜式。」（資料來源：「米芝蓮指南香港官網」）

前輩唯靈先生的文章曾經指出，羅漢齋必須集齊十八種材料，才能叫做「羅漢齋」，否則只能稱作「鼎湖上素」——如真要如此嚴格要求，恐怕現在沒有任何一道羅漢齋能叫做羅漢齋，因為當中好些食材已隨著時代變遷，產量越來越稀少，甚至消失了，譬如桂花耳（一種真菌）、豬肚藍（一種筍類）。順道記錄一下，正宗的羅漢齋，因為有「十八羅漢拜觀音」之稱，所以對材料的要求甚為嚴謹：必須有「三菇、六耳、九筍、一笙」十九種材料——「三菇」：草菇、蘑菇、冬菇，「六耳」：雪耳、榆耳、黃耳、桂花耳、石耳、木耳，「九筍」：竹筍、筆筍、蘆筍、毛尾筍、吊絲筍、金筍、豬肚藍、薑筍（薑芽）、菜筍（菜薳或銀芽），「一笙」：竹笙。相信今時今日吃過這原版正宗羅漢齋的人，已經絕無僅有。

由於羅漢齋相當普及，所以也發展出其他相關菜式，譬如羅漢齋炒麵、羅漢炒鮑粒。富臨飯店總廚黃隆滔師傅說，為了照顧每逢初一十五茹素客人的需要，富臨一直以來都有一頁素菜菜單，這也是好些舊派酒樓的做法。「有好些喜歡羅漢齋這道齋菜的客人，在無須茹素的日子，想吃得豐富些，便會要求『開葷』版，恰巧富臨以鮑魚聞名，就順理成章要我們做羅漢炒鮑粒。」羅漢炒鮑粒算是小眾菜式，因為一般吃鮑魚的人都想原隻吃，把乾鮑切粒去做家常菜，算是奢侈的做法。撇開捨不捨得的因素，能夠把矜貴食材用得平平無奇，是要有底氣才做得到。「當然，這道菜也可豐儉由人，要用多少頭的鮑魚，我們都視乎客人的要求。」滔哥說，即便是切成鮑粒來炒，但不同的鮑魚，帶來的香氣也很不同，「你用中東鮑、南非鮑，又或是日本吉品鮑，香氣、口感、味道都有分別，始終這個世界就是一分錢一分貨。」

富臨這道羅漢炒鮑粒，「羅漢」的部分只是取其神髓，並不是完整材料。這天滔哥示範時，就用了冬菇、草菇、馬蹄、甘筍、蘆筍、榆耳、黃耳、白果，加上鮑魚粒。所有材料都必須切成大小相若的粒狀，那樣成菜後才會賣相對稱、骨子。材料處理的先後次序、工序也很重要，草菇、甘筍是先爆香再用上湯去煨一煨，讓它們吸收味道，之後下的是馬蹄、白果，再接著是榆耳，榆耳後才下黃耳，然後是冬菇，最後才是蘆筍。所有材料一起煨十五分鐘入味，再跟鮑粒合炒。鮑魚雖然也燜過，但還是得下鑊，加些水去再燜軟些，炒好後入口才有鬆軟的效果。看似家常無比的一道菜，蘊含著矜貴材料（不止是鮑魚，榆耳黃耳都是高級菌類），還有講究的工序，將中菜複合烹調與味道的精髓發揮得淋漓盡致！

做法

羅漢炒鮑甫

富臨飯店
總廚黃隆滔師傅

1
羅漢炒鮑粒的材料，切粒。

2
切粒後的材料。每一款材料切得大小相若是關鍵。

3
看似家常無比的羅漢炒鮑粒，其實蘊含了矜貴材料。

吃個究竟

論乾鮑

在家全七福吃了蠔皇三十頭吉品鮑。想說幾多頭的大小對我來說不是最重要的，最重要的是此物的價值。記得之前吃過十三頭吉品鮑，也要一萬元一隻。而乾鮑到底價值何在？每次看到粵菜的鮑參翅肚被人誤解為暴發的象徵就很無奈，鮑參翅肚背後的學問博大精深，是整個菜系文化最精要的部分，只可惜讓不懂吃的人糟蹋了。

不過，要了解價值，也得先從表層的價格著手：當你知道今時今日的乾鮑，如吉品鮑，也有野生和養殖貨之分，就能明白為何構成價格的天淵之別。試問有多少人能分辨？我敢說一句，即便是專業中廚，沒有二三十年浸淫在海味世界的背景，沒有摸透野生貨和養殖貨的紋理、屬性，也難分優劣。

從福臨門、家全七福到阿一鮑魚等頂級粵菜食府，向來嚴選來自日本岩手縣的吉品鮑，因為此處仍有野生貨色。岩手縣是日本最大的鮑魚市場，不止是研製技術出色，此處的海域

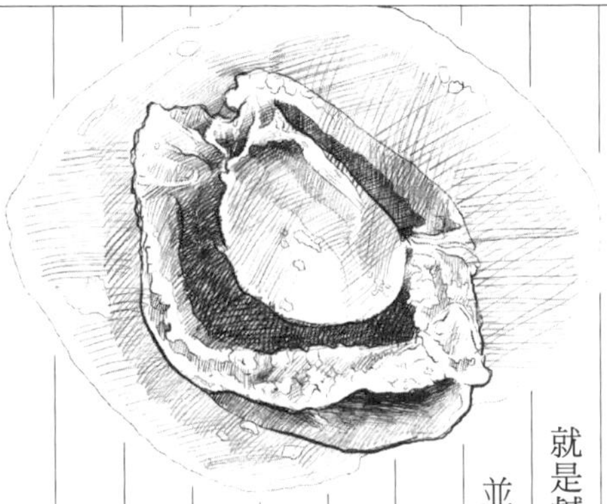

還有一種特產的海帶，是鮑魚的糧食，令鮑魚肉質幼滑、特別鮮甜，製成乾鮑，不但溏心黏軟，味道也特別濃郁。另一方面，氣候也是曬得靚乾鮑的一個因素。當地日照充足，早晚涼爽，特別是十月左右，日照長雨量少，乾鮑成品特佳。眾所周知，一方水域若沒有冷熱流交替，海產就不會好吃，一定要有「南撞北」（南方與北方水流相撞）這種衝擊匯集而成的「風水地帶」，成為鹹淡水交界，海產才會肥美。好似珠江口到大嶼山，就是鹹淡水交界處，這一帶的海鮮特別靚。日本海產聞名世界，但並不是每一處都品質出眾，南端的一帶，例如本州，是水質條件最差的地帶，海產味道偏淡，鮮味不足，鮑魚、帶子、海膽、龍蝦……味道全都比起其他水域遜色，所以你會發現，對出品要求嚴謹的壽司店，絕不採用來自此地的水產。所謂「一方水土養一方人」，同樣道理亦可放在海產上。

岩手以出產吉品鮑見稱，至今還有野生的；大澗則是出產禾麻鮑——但大約二十年前，野生的禾麻鮑已經絕跡，現在出產的都是養殖的。禾麻鮑產區津輕海峽風高浪急，鮑魚質素最佳，味道最為鮮軟香滑，製成乾鮑自然成極品。網鮑則是產自青森，勝在體積大、有嚼頭。由於體積關係上桌體面，因此有不少人請客愛用。

鮑魚的素質、曬製的功夫，構成乾鮑價值的一環，另一環節則是烹調時的處理了：浸發、熬上湯、燜製……每個部分都有繁瑣細膩的功夫，所以，烹調乾鮑，短則三兩天，長則四五天才能成菜，燈油火蠟、時間人工都是不菲成本。

我很尊敬的大廚好友黎子安 David 對於乾鮑的觀點值得分享：「乾鮑的獨特，在於沒有別的食物擁有這種口感，而且是越咬越有味。」David 說，每一次吃乾鮑，他都捨不得馬上吞下去，因為味道在口腔裡會有變化，而味道的深度與廣度，當然跟鮑魚素質、烹調手法有直接關係；他覺得沒有任何一種食物可以好像乾鮑一樣，越吃越有味，越吃越有細微變化，這個享受是由背後許多環節構成，這也是為什麼乾鮑會如此矜貴。這個視角太美太有深度。台灣女廚神陳嵐舒亦說：「因為風乾、陳年、發製、燜煮幾個複雜的環節給了這種海味跟質感多了很多轉折。」乾鮑的美，不是吃一次或幾次就能懂！

需要「保育」的魚翅文化

魚翅，得要一個特別的章節去談。相信誰都知道，過去十年，在環保團體的推動下，不吃魚翅成了非常有效的形象包裝，明星、公眾人物、酒店品牌紛紛宣布與魚翅割席，有一段時間很是極端，吃魚翅的人，幾乎成了過街老鼠。魚翅，成為飲食媒體最敏感的課題，再也沒有相關的報導；曾經在專欄寫「仙鶴神針」這樣的菜式，都受到讀者投訴，說不應推廣魚翅菜式。事實上，書寫，只是為了記錄，但只要一寫，就變成有推廣的嫌疑，實在為難。

飲食文化，難道不需要保育？況且，魚翅菜式對中菜來說的確甚有代表性，特別是粵菜，鮑參翅肚若不是讓土豪們吃壞了印象，其實最能反映高級菜式的烹調技術之美。從食材本身的處理，到烹調的環節，繁複細膩，充滿智慧，若不是背後有浩瀚的歷史淵源、時代演進而達成這種烹調的講究，無以構成文化。菜式和味道，也許有一天會消失，但裡頭的智慧，有必要保留下來。

家全七福的創辦人七哥徐維均，是有關魚翅菜式的最佳受訪人。他做了飲食業幾十年，看盡這一行的興衰交替。隨著保育、健康意識的提高，環保成為人們日常所關注的環節、素食也成為更受歡迎的飲食方式——這是為什麼家全七福開創了素菜菜單，希望將傳統粵菜的精髓融入素菜中，與世界飲食趨勢接軌。

與此同時，有些不符合環保意識的飲食文化，逐漸成為一種禁忌——如魚翅。不難發現，近幾年來，飲食傳媒不再報導有關魚翅的菜式、陸續有五星級酒店集團宣布停售魚翅食品以捍衛品牌形象……有些老顧客跟七哥反映，現在家庭日跟兒孫吃飯，年輕一輩都會勸長輩少吃點魚翅，為免影響家庭日氣氛，他們也不點了。如果說，鯊魚保育是一種市場策略，這絕對是近年來看過最成功之作。

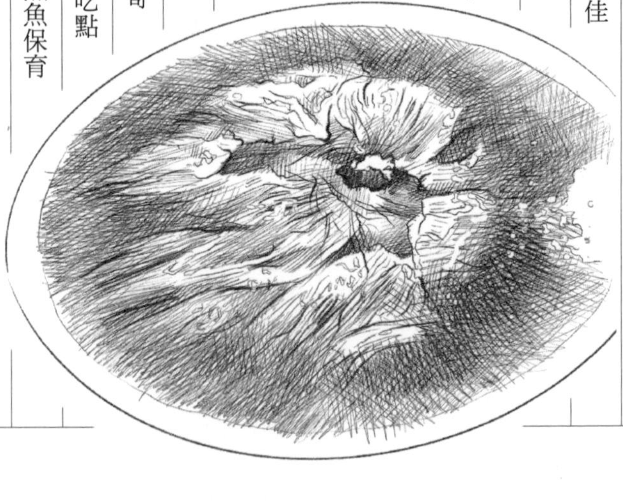

七哥也要忍不住慨嘆：「時也！命也！」五年前他著手搞食肆新品牌家全七福，就算有多想用「魚翅酒家」的名號都絕無可能，只怕在這個年代會人人喊打。不管做魚翅菜式有多拿手，也無法以此作招牌和主打，對老人家來說心裡不禁戚戚然，感覺英雄無用武之地。

飲食與環境息息相關，他亦贊成保育是必須的。但是有一點倒是有必要「撥亂反正」：魚翅的賣點，完全不在於「食得豪」，而是在於欣賞它的翅種、造工、浸發以及煮翅的技巧，還有湯水的熬製，環環相扣。由此可見，食魚翅是一種講究又精細的飲食文化。只可惜人們只懂得以食魚翅來賣弄財力、突顯身份，真正懂得欣賞箇中精妙的又有幾人？老實說，為了場面而吃的魚翅，譬如飲宴，魚翅的質素不佳、湯水也馬馬虎虎，其實不吃也罷。「魚翅，唔係咁食嘅！」七哥這麼說。可惜，食魚翅因成為富貴的象徵而被「濫食」，導致鯊魚被濫殺等種種問題出現，甚有代表性的中國飲食文化也漸漸禁忌化。

相傳魚翅是在清朝期間從外國傳入中國，是皇帝的貢品。御廚想盡辦法炮製：見你硬繃繃的，就想辦法將之浸軟；浸軟之後，伸手一摸，還有一層「砂皮」，就用刀刮去。好了，應該怎麼煮呢？御廚的想法是：跟最上等的食材一起煮，再差都不會太離譜吧？於是就用當時被視為上品的牛肉、火腿、雞等跟魚翅一起熬，效果竟然不錯，得到皇帝讚賞，奠下了中國魚翅烹調的基礎。後人也在這個基礎上不斷改良，精益求精。

七哥表示，很多人對於魚翅的知識近乎零，又或者一知半解，只知道魚翅極品是天九翅。其實做菜時不會動不動都用天九翅，天九翅是體形最大的鯨鯊或姥鯊的背鰭，而鯨鯊已經瀕臨絕種，好多國家在多年前已經嚴禁獵殺，天九翅如今十分罕有。當然，能稱得上極品，天九翅的特點不是「大」，而是翅針長又粗、翅皮爽滑、膠質豐富，集齊很多特點，被稱為極品當之無愧。七哥也贊成應該保育鯨鯊，因為鯨鯊會吃浮游生物，一旦絕種，海洋生態就會失衡。一般高級粵菜酒樓做菜時會用金山勾，是鯊魚的尾鰭，產自美國三藩市，所以才有「金山勾」之名。當年三藩市的漁民很窮困，因來自香港的商人收購魚翅而得以改善生活。金山勾的造工靚，翅針又粗又密、全鰭無骨，是一流的靚翅呢。

金山勾之外，還有一種叫做海虎勾，是來自虎鯊的鰭，翅身長但翅針疏。較為普通的就是牙揀翅，來自日本。由於鯊魚體形的關係，牙揀翅一般用來做散翅，因為翅針很細，似頭髮絲般幼細，「幾十年前好多人擺酒會用牙揀翅來做雞絲翅，唉，都不夠攝牙罅呀！如果是這樣，不如不吃。魚翅，不是為了豪而吃，也不是為了吃而吃的呀！」七哥再次忍不住唉聲嘆氣。

吃魚翅，有好多角度去欣賞。最基本的當然是看發製技巧，魚翅發得好才會軟滑，但同時要保留口感，不能太腍，而且要淨除腥味。有的魚翅發製得不好，不但有腥味，而且會有「餲」味——「好多年前曾經吃過有餲味的牙揀翅，簡直難吃到一世難忘。」七哥說起這難吃的魚翅，還是打個冷顫。

發製後，就要看上湯的功夫了。魚翅本身無味，全靠煲上湯入味，味道的精華就在上湯裡，所以魚翅的奧妙也在上湯裡。上湯做法也視乎魚翅的種類，不是所有魚翅都適合用來做湯羹。好似天九翅，因為翅針有筷子般粗長，紅燒是最好吃的，清湯的做法反而會「嚡口」，是很難做得好吃的翅——不過現在也吃不到了。金山勾的體積沒那麼大，口感較細緻，適合以清湯烹之。

食魚翅矜貴，不止在於魚翅本身，因為發製、熬製上湯需時，也需純熟的技藝。還有湯料呢？時間、人工、湯料都是不菲的成本，魚翅才會賣得貴。社會富裕起來，有人以吃得起魚翅為富貴、體面的象徵，在膚淺心態驅使下，人人對食魚翅趨之若鶩，根本不知魚翅矜貴所在。魚翅，根本就是要精吃細嚐的，以質取勝。飲宴菜單的魚翅，那樣的製作，不吃也罷；至於「魚翅撈飯」，更是毫無必要。

關於食魚翅的文化，七哥建議大家要懂得魚翅矜貴所在的來龍去脈、要知道怎麼欣賞才吃——由翅種、造工、發製、上湯都要略有所知，才是懂得吃。「為吃而吃，罪大惡極！」他老人家忍不住譴責：看到群眾以盲目追求名牌的心態食魚翅，好好的飲食文化被糟蹋了，還有商家為了滿足市場需求，導致濫捕、濫殺的問題越來越嚴重，實在令他既無奈又心痛。另外，大家也不用陷入食魚翅補充骨膠原、鈣質那種迷思，要攝取骨膠原，不如直接用魚骨煲湯吧。很多時候，做一個無知的食客，就誤殺了一種飲食文化的生命。

至於保育問題，當大家對於食魚翅皺眉頭之際，也許可以冷靜下來參考七哥大膽提出的一個觀點：現在大家看到關於獵捕鯊魚的紀錄片，是多久以前拍的？有沒有「update」過呢？相信大家都很清楚，鯊魚響起保育警鐘的主因，是有許多漁人只取其鰭，然後將鯊魚扔回海裡讓牠慢慢死亡，這也是許多人認為食魚翅等同殘忍的原因。而現在部分的捕獵者都會將鯊魚物盡其用，鰭用來做魚翅、鯊魚肝用來提煉做魚肝油、鯊魚肉賣到魚市場、鯊魚骨煲湯……一如食用其他大型魚類。魚翅的產地遍布全球，包括東南亞、中美洲、南美洲、非洲、歐洲和印度等水域。七哥覺得，不同國家的有關機構可以制定捕獵的規範，除了立法禁捕特定類型的瀕危鯊魚，也可禁捕小鯊魚，以確保鯊魚的繁殖；另外，各國可以立法禁止特定鯊魚魚翅進口，並嚴格執法。透過相關法例，把魚翅變成「可持續性發展海產」。作為飲食作家，當然希望飲食文化保育與海洋保育兩全其美，只是不知這個可能性會有實現的一天嗎？

最後貴族花膠扒

花膠在這個年代可說是尋常不過的食材，閒時用來燉湯燉鮮奶，滋補不燥、滋陰養顏，是以深受喜愛。很多人不知道，平常用來燉煮的花膠，是比較便宜的花膠乸，比起花膠公足足便宜了一倍，只因兩者的質感相距甚遠。花膠乸厚身但較脸，經過煲煮很易溶化，俗稱「瀉身」，燉湯沒什麼問題，自己買回家用來煲湯就要注意好火候，不介意溶入湯中成隱形精華倒無所謂，但有可能被家人誤會打了斧頭，呵呵。花膠公質地爽彈又結實，受熱不易溶化，最適合用來炆煮做菜，用來煲湯，湯色也顯得較清澈。

頂級花膠，叫做廣肚公，也就是產自印度洋水域鰵魚的魚肚，三頭的，一斤要價大約五萬元，都未必買得到；由於大鰵魚非常罕有，以致兩頭的最頂級廣肚公已難以尋獲。三四頭的花膠，特點是厚身如肉扒、身上有漂亮又深刻的條紋，富有光澤，一看即知道是上品。

要深入瞭解花膠，就一定要請教老行尊七哥徐維均。他表示，花膠也分「舊水」和「新水」。舊水和新水是行內術語，舊水指存放時間至少有兩年的海味，色澤較深、香味較濃；新水是指剛製成或存放時間較短的海味，仍有大量水分，故稱新水。舊水價值高好多，除了陳年的緣故，以前的造工較靚也是原因。以前的漁民捉到魚，在漁船上就把魚肚即劏即取即曬；而現在則會等到上岸才劏取，過程中魚隻會經過冷凍保鮮的工序，即是魚肚在沒那麼新鮮的狀態下取出處理，品質自然大打折扣。另外，由於現在都是非生劏，魚身難免用上防腐劑，亦會影響花膠的品質。如果買花膠時拿起來一聞，有陣「藥水味」，就應當心裡有數。舊水的花膠，色澤金黃、香氣濃郁；新水貨色色澤淡，香氣亦不足。所以呢，舊水花膠雖貴，但其實識貨的人都知道，其價值比起價格更高，因為再有錢都無法改變現今漁民的作業方式，以取得最佳品質的花膠，換言之，就是有錢也買不到。

如要品嚐到真正的最後貴族，唯有前往信譽佳且囤有舊水珍品的高級粵菜餐廳，如家全七福，他們的鮑汁扣四頭花膠扒，鮑汁鮮醇和味，花膠彈爽糯口又入味，食味動人！花膠要先浸泡在冷水裡，過一夜，之後換熱水焗——純粹用熱水，不能開火，水冷卻後就要換水，直到花膠鬆化為止。用熱水焗要焗多久，視乎花膠的大小，好像四頭花膠則需要焗兩三

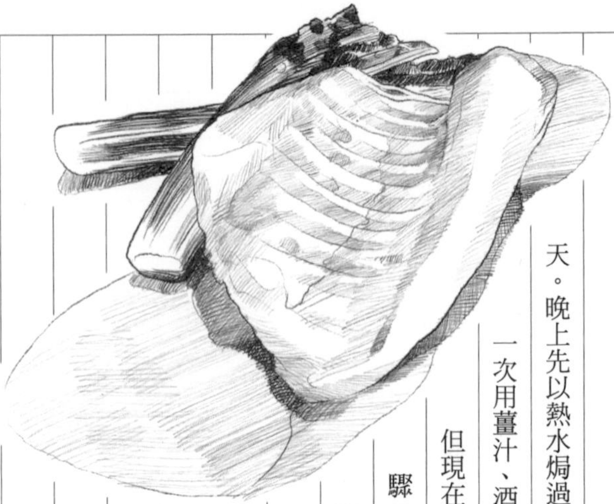

天。晚上先以熱水焗過夜，第二天一早再換水。發製好的花膠，要煨兩次，第一次用薑汁、酒來煨，用來辟腥——舊水造工好的花膠，不會有腥味，但現在大部分的新水花膠都會有腥味，所以需要這個辟腥的步驟。第二次用上湯煨半個小時左右入味，不可煨太久，否則會「洩身」（有溶化的跡象）。最後上桌的時候，勾個鮑汁芡就可以了。

為何說這是消失中的味道？除了至為關鍵的絕頂靚貨已不可能再有，新一代中廚普遍掌握不好高端的海味烹調技術也是一大原因，使這成了吃一次少一次的精緻享受！

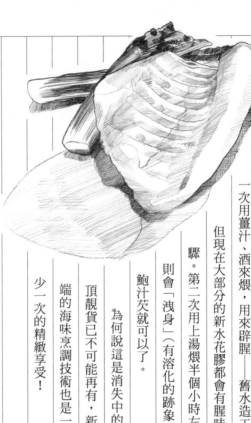

鴿蛋燕窩

好幾年前在揚州，於著名百年老店「冶春茶社」吃早點時，有一大盤「蛋拼盤」捧上來，擺盤做得賞心悅目，簡單卻撩人食慾。當時方知道當地人早上習慣吃蛋補充元氣——這拼盤裡有雞蛋、鴨蛋、鴿蛋。剝殼以後的鴿蛋，蛋白呈半透明狀，一如琥珀，質感軟滑如凝脂，精緻模樣讓人愛不釋手，照片拍了又拍，根本捨不得吞進肚子。難怪鴿蛋又被稱為水晶蛋，實在太貼切了。女生都記得電影《色，戒》裡頭的「鴿子蛋」，梁朝偉飾演的特務，為身為臥底的湯唯在首飾店買了一顆鑽戒，湯唯低聲驚呼：「鴿子蛋！」因感動而心軟，放走了他，最終令自己「用生命祭奠了愛情」。

《紅樓夢》的「姥姥鴿蛋」，也算是靠譜的文學名菜——須知道很多時候作家想像的菜式，付諸實踐未必行得通，更說不上美味了。當然，曹雪芹出身顯赫世家，祖父曹寅曾是兩淮巡鹽御史，本身就是著名美食家。雖然曹雪芹成年後曹家已家道中落，但他的美食以及美學品味已在幼承庭訓時養成，是以《紅樓夢》裡的美食場面絡繹不絕。「姥姥鴿蛋」的做法，很有可能就是向粵菜中的鴿蛋燕窩取經：鴿蛋、冬瓜球、雪耳、金華火腿，當中冬瓜球、鴿蛋和金華火腿一起在上湯裡煨煮入味，上碟時把材料一一擺盤，整齊美觀即可。後來有廚師想把菜式高級化，以燕窩取代冬瓜，做法亦非常合理，因為兩者同是清淡而吸味之物。

說這些故事，跟菜式沒有直接關係，但知道不妨，吃鴿蛋時浮想聯翩，感受牽動下，樂趣更多。粵菜當中，製作點心愛用鵪鶉蛋，鴿蛋則用在各款菜式中，特別是愛用來跟燕窩匹配——這也不難明白，鴿蛋凝滑軟潤跟啫喱無異的質地，跟燕窩的綿滑實在是天衣無縫。鴿蛋矜貴，半個月才生一次蛋，每次兩顆，而且口感好、味道佳，所以極受歡迎，價格跟雞蛋比起來是以十倍計。有一次跟朋友討論過，能否以鵪鶉蛋冒充鴿蛋？如果沒吃過鴿蛋，也許有可能，但吃過的就能一眼識穿：鴿蛋比起鵪鶉蛋大一點，煮熟後的蛋白是半透明膠狀質感，香軟好吃。

粵菜的鴿蛋燕窩，其實分為鹹甜兩種，甜的當然就是糖水，燕窩燉好、鴿蛋煮熟剝殼後，加入燕窩裡頭一起食用即可。鹹的版本做法亦不難，那就是發製好的燕窩，以上湯煨煮

至入味，鴿蛋圍在碟邊就可上菜。如果在家製作，必須先用老雞、火腿、瘦肉等材料熬煮一鍋靚上湯，這個部分所花的時間、精力、成本已不菲，所以，有些錢，還是給別人賺吧。

鴿蛋燕窩雖然簡單，但細節處理上仍可有進階要求，譬如鴿蛋是否要裹粉炸過，都構成食味上的分別。酥炸過的鴿蛋當然更香口，咬開時，脆衣、啫喱狀蛋白、蛋黃三層香氣交融，油炸的香氣把蛋黃香誘發得更為濃郁，配合燕窩吃起來，鮮逸馨美，清雅不寡淡，正正是高級菜式的典範。

從鴿蛋燕窩發展出來的菜式還有鴿蛋竹笙釀燕窩卷（顧名思義，就是將燕窩釀入竹笙裡再拿去煨）、鴿蛋竹笙燕窩、鴿蛋蟹黃燕窩等等，萬變不離其核心——一定要有靚上湯，才能把菜做得鮮美不絕！

山瑞與水魚

老派人吃粵菜，對於山瑞、水魚菜式會有一份情意結，年輕一輩多不會欣賞，年輕中廚懂得以這兩種食材入饌的，也幾乎沒有，更不用說將菜式帶去突破的層面了——兩年前，我在台中樂沐法式餐廳吃到客席日籍大廚川手寬康做的一道水魚菜式「滋潤炸甲魚佐雞蛋布丁」，大廚把水魚肉和筋膠酥炸，伴以一塊應該是以上湯煮過的裙邊，下面鋪的是水魚蛋做成的布丁，吃的時候再淋上水魚湯。才華橫溢的廚師，把日本人吃水魚的傳統，以法式料理的手法做得細膩入微，充滿現代氣息。當時，除了讚嘆於菜式的美味，心裡也不禁感慨：同有吃水魚的文化，年輕中廚裡可有人懂得把老菜重新演繹，吸引新一輩食客去欣賞？

在南洋長大，當地華人也有吃水魚的習慣，都是燉湯；在香港定居以後，才在酒樓吃到其他做法，有種開眼界之感。然而，野生水魚在今時今日已不多見，如今某些酒樓做菜，都是採用養殖的貨源，味道當然差很多。「以前來自廣州黃沙的野生水魚，味道之清甜，那才真正令人懷念呀！」有次吃飯，前輩七哥如是說。

水魚和山瑞因為外形相似，常被人「馮京當馬涼」，或反之。水魚比起山瑞小，每隻大約是兩三斤，身形修長、背部隆起且龜殼沒釘、裙邊窄薄；而山瑞呢，體形圓大似大烏龜，每隻大約五六斤重，肚子是白色的。事實上，比起水魚，山端跟山瑞更為相似，不法商人還以此混水摸魚：「山端是A貨山瑞，多數來自湖南，殼背沒釘，食味完全不行，沒有香味，口感好粗糙。莫說一般食客不會分辨，很多酒樓也不知就裡入錯貨。」前輩說。因此，如果你曾吃到味道差勁的「山瑞」，大有可能是同科異種。

多年前在利苑吃過山瑞三吃，其中一吃是燜山瑞蹄，因為吃起來類似田雞腿，所以有深刻印象。傳統的山瑞都是以紅燒方法炮製，厚腴裙邊烹煮後口感膠糯、汁液香濃，非常好吃。家全七福會以野生山瑞做菜，不用養殖貨，味道一定好——水魚亦然。有野生貨色時才供應的冬筍炒水魚絲，將水魚拆肉起絲、跟唐芹絲、冬菇絲、冬筍絲一起炒，條條切得細緻，大小一致，考刀章也考炒功，爽口又鮮美，雋品也！

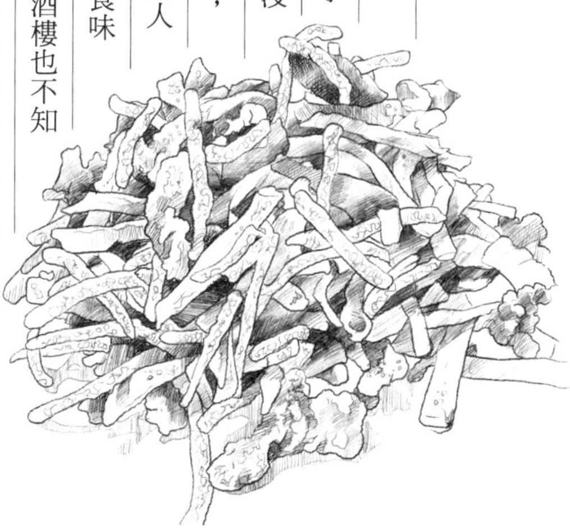

禮雲子

在這個年代，禮雲子如真愛，聽過的人多，吃過的人少。一旦吃過，也不知是幸或不幸，曾經滄海難為水，此生魂縈夢牽！好像友人Richard說，他最難忘以前鏞記有一道禮雲子燒肉蒸豆腐，不止是食味，連其他細節均歷歷在目：二〇〇二年，跟江獻珠老師一起品嚐……然而，往事猶在，菜式、味道隨故人而去，一切俱往矣。

禮雲子，源遠流長，乃是中國南方一種獨特食材，是一種叫做「蟛蜞」的小蟹的卵——有朋友問，那不就好像是蟹黃之類的東西嗎？當然有些區別，畢竟蟹黃不是蟹卵嘛。那吃起來有沒有蟹粉的甘美動人？仔細想一想，禮雲子沉鬱的鮮甜與甘香，應該稍勝一籌。禮雲子在清明前後當造，當造時的光景，只能從前輩唯靈文章裡的憶述去想像：「永吉街時代陸羽茶室每逢當造之時便有『禮雲子粉果』、『禮雲子燒賣』、『禮雲子炒飯』及『禮雲子撈麵』之類的精品美食應市。」光是讀，已叫人口水直流。

時代急速發展，生態環境變天，蟛蜞逐漸變少，禮雲子身價隨之水漲船高，自然也沒有把禮雲子豪氣入饌這回事了。南番順（即舊時南海縣、番禺縣、順德縣的合稱）一帶，還是找得到禮雲子，只是產量少，得要有點人脈才行。儘管如此，演繹這上乘食材的手法，幾十年來從未變過，不外乎是蒸蛋白、炒飯……直到中環大班樓的老闆Danny告訴我，他從佛山壹零貳小館那裡取得約莫四個拳頭分量的禮雲子，然後用來做禮雲子柚皮——哇！以禮雲子取代蝦籽去做柚皮，菜式令雙方同時進化，不是太令人期待了嗎？

特地選了吃午飯，因想到經烹煮的柚皮色澤暗啞，禮雲子又是一片橘紅，兩者疊在一起，晚上的話，拍照時恐怕難以取得滿意效果。大班樓裝潢簡約大方，落地窗下白簾以保護隱私，日照隔簾投入，總是映照得一室舒雅，是我最喜歡的氛圍。吃過前菜子薑皮蛋，未幾，主角就亮相了！還記得侍應從遠處走過來的時候，我看見那賣相已眼前一亮：咦，怎麼底下多了層「白玉」托著

柚皮，面層則鋪滿了禮雲子。原來，那「白玉」是冬瓜！冬瓜和柚皮均切成長方形，別致且富時代氣息。

食味方面，精彩已經不足以形容了！以我的經驗判斷，相信這絕對在今年最驚喜的中菜菜式三甲內。底層的冬瓜以蟹湯煨煮入味，柚皮則是用鯪魚湯，配上香醇濃腴的禮雲子，三方鮮味在口腔裡追逐、碰擊出火花！冬瓜最為清淡，以蟹湯煨煮亦十分到位，有味而不搶味；柚皮充分吸收禮雲子的馨鮮，冬瓜的清美帶來了細緻的平衡感。同時，柚皮的自然微甘，令禮雲子的鮮甜味發揮得更好更深。這味道組合的構想令人擊節，包含了由最淡到最濃的鋪陳，是運用兩種「甘」味的探戈：那就是用柚皮的果皮甘香，把禮雲子的芳馥甘美誘發得更好。味道層次跌宕，又能緊密相扣，最後殊途同歸，和鳴鏘鏘。這是我吃過的禮雲子菜式中，把這食材表達得最巧妙最有深度的一道！構思新穎，處理得有時代感，卻同時保留了傳統粵菜的神韻。有邏輯，有創意，有細膩觸覺。當中的冬瓜不止是食味的輔助，美學上，也成了神來之筆，勾勒出簡約優雅的造型。

我問 Danny，為何蟛蜞卵會叫做禮雲子？他說，因為小蟹像在拱手，所以有此形容。

這名字實在太美！上網一查，「校長」劉致新的解釋很完整：「蟛蜞，一種小蟹，常見於東南沿岸的沙灘、稻田，雙螯甚壯，行走時如作揖，故美稱之為禮雲，其臡即禮雲子。」認同校長說的，南粵文化的底蘊，僅僅三個字就一覽無遺！

大師之道

江太史——啟發無數後代的百粵美食第一人

說起粵菜的發展，不能不提江太史。他不是廚師，也從未開辦任何食肆，卻重塑了近代粵菜的面貌，有「百粵美食第一人」的稱號。江太史名孔殷，是晚清最後一屆科舉進士，曾進翰林院，故又被稱為江太史。江太史家世顯赫，祖上已為茶葉富商，自己又擔任英美煙草公司南中國代理經年，富甲一方之餘，交友橫跨中西，飲食涉獵甚廣。江獻珠在書中憶述童年，是這麼寫：「除大廚子外，家中還有西廚子、點心廚子，幾位茹素的祖母又有一個專用的齋廚娘，家中好吃的東西真多。」

由於江太史精研飲食，在百年前可說是「從農場到餐桌」的先驅人物——他自闢「江蘭齋農場」，佔地一千多畝，供應自家需要之餘，也用來送客。江府培訓的家廚、鑽研的菜式，流入民間起了指標性作用，代表作當數「太史五蛇羹」、「太史戈渣」。早在上世紀五十年代，江家最後一位家廚李才因戰亂避走香港，曾經成為日治時代港督磯谷廉介的家廚，又曾擔任私人俱樂部的廚師，晚年則進了恆生銀行私人會所博愛堂擔任顧問，在上流社會享有名氣。而「江太史最後一任家廚」，乃是他最簡潔有力的個人履歷呢。

到了近二十年，江太史才開始廣為人識，皆因其孫女江獻珠受飲食雜誌之邀撰寫食譜專欄。江獻珠撰寫的食譜除了道出典故、分享相關的背後故事，亦貫徹她作為學者追求學問的嚴謹態度，步驟、分量都鉅細靡遺，讀者、廚師們都表示，只要依照其食譜按部就班，菜式的成功率很高，幾乎是零失敗，因此得到一致的推崇。事實上，江獻珠撰寫的食譜，真正的「江府菜」僅佔少量，因她十來歲時，江家已家道中落，逃難來香港，昔日太史第足以彪炳千秋的飲食場面來不及完全見識；而她四十歲才正式學做菜，第一代美食家陳夢因是她的啟蒙老師之一，她的成功絕大部分是建基於天分和秉持著江家精神去做菜。

「江太史」是一號人物，「江府菜」亦非一個派系，可是對粵菜的衝擊力和影響力卻非同小可，甚有傳奇色彩。江獻珠逝世前，曾跟香港君悅酒店的中餐廳港灣壹號合作，推出由她親自設計菜單的「珠璣宴」。當時的行政總廚李樹添，跟江獻珠本是認識快三十年的知交，因為這個合作有機會跟她貼身學藝。李樹添回憶說：「在接觸江老師以前，我就已經有看她

的食譜。我是一個不太翻食譜的人，唯獨是她的食譜，我很愛讀。做菜的竅門很多時候是想不通的，但只要看她的食譜就會有靈感了。譬如蓮藕餅，我一直做得不好，後來看了江老師的食譜，才能理解自己對細節不夠講究，所以質感做得不好。江老師讓人明白，每個細微的環節都很重要，都關係到最後的成果。」他又續道：「太史豆腐，賣一磚收一百二十元，有沒有搞錯？那是因為用了整隻雞去熬雞汁來做這道菜。豆腐是平價食材，但太史菜就是這樣，錢用在你看不見的地方，高貴在骨子裡！」李樹添認為，這樣的菜不但大器，更代表了一種文化水平，廚師和食客都可以透過這

▲江獻珠老師（左）曾為君悅酒店的中餐廳「港灣壹號」設計兩款限定菜單，發揚太史系菜式，時任行政總廚李樹添師傅得以有機會向江老師習藝。

獨特的「菜系」去自我提升。「江太史真正流傳下來的菜不多，但那些菜的深度，足以給後代的廚師很多啟發。」

黎有甜，十七歲時便加入博愛堂，跟著李才學藝，是其得意門生，所以才能獨當一面，在師傅病逝後當上主管級別的廚師。黎有甜在博愛堂工作了三十三年，五十歲提早退休，創辦了桃花源小廚。憶述往日，黎有甜說師傅那個年代的人：「罵你就是教你。」罵裡頭夾雜著「三字經」更是家常便飯。中菜廚房從來就不是學院派，意志和廚藝是同步磨練的：「師傅所謂的教，就是你在切冬筍時，他走過來看見，看不順眼，先是『三字經』飛過來，然後把你手中的刀拿過來，示範給你看怎麼切。」

不過，當時李才年事已高，切也是切十幾二十條給你看看：「你說他切得特別細緻嗎？倒也不是，畢竟年紀大了，手會抖，切得沒那麼準。但最重要的是，他的刀章，用刀的起落、規律真的比我好很多，如何手起、刀落，還要懂得前後拖一拖，才能切斷。」這只是李才的「雕蟲小技」，要見識大師級的真章，還得看如雷貫耳的「太史蛇羹」——刀功、湯底、靚花膠。

趁機向黎有甜求證，據聞太史蛇羹的要求，其他材料都要切得幼細如髮，唯獨蛇肉，必須手絲，以求吃起來有口感。「沒錯！手撕蛇肉，最主要還是因為蛇肉的紋理是斜的，經不起用刀切，一切就碎。先把一條蛇剪成十段左右，每段長度一致，然後才用手順著紋路撕下，煮起來才會保持著絲狀。用切的話，即使切的時候看起來一條條，但滾起來就變成一粒粒了。」太史蛇羹的做法，湯底一定有兩份：一份蛇湯，一份頂湯（粵菜裡最高級的清湯叫做頂湯，就是熬製了上湯以後，取其湯，再按照比例、分量加新鮮材料熬製而成），分開熬製，然後再按照比例混合一起煮。

▲太史五蛇羹，吃湯底的功力以外，刀功也是鑑賞此菜的其中一環。根據黎有甜師傅的分享，所有材料都必須切得細如髮絲，除了蛇肉必須用手撕，以求吃起來有口感。蛇肉的紋理亦不宜用刀切，肉一切就會散開。

從黎有甜口中知道，原來，太史蛇羹講究做法，也講究吃法。上一代的商賈貴客都是這樣品嚐的：下了菊花瓣，然後把冬菇絲、天白花菇絲、蛇絲和菊花瓣挾起來，放在湯匙上，加兩條檸檬葉絲，慢慢咀嚼，吞下，然後才喝一口湯，分兩個階段去欣賞；薄脆則當作「送口」，拈在手中，喝了湯咬一口，為口中添香，品嚐時層次遞進且分明。如是者重複著動作吃完一碗蛇羹，「而不是好像現在那樣，什麼都撈在一起攞入口，囫圇吞棗。」黎有甜補充說：「太史府第，從做到吃，都有極其精細的講究。但同一窩蛇羹，傳入民間，價值觀要接地氣，講求足料、大堆頭，而這個市場又是比較大眾的，就漸漸變成較為普及的吃法了。」品味也需要時間去培養，總是在急速中生活的香港人，恐怕閒情越來越少，做法能保存，吃法卻無可避免逐漸「失傳」。然而，因為原本有此講究的吃法，所以太史蛇羹推芡亦有獨特手法，跟一般推芡方法不同，以

▲入廚五十年的黎有甜，人稱甜叔，出身恆生博愛堂，師承李才。江獻珠老師生前曾帶領外國美食節目攝製團隊採訪甜叔，拍攝他製作太史五蛇羹的過程。

求所有絲狀材料掛芡而夠滑，但喝起來又感覺不到有芡的存在。「太史蛇羹，標準是吃起來『不湯不水』，全憑推芡的功夫。」

黎有甜五十歲創業時，一開始的好幾年都不賺錢，只因為師承李才又出身博愛堂，「用料、選材一定要最好，做法要精細，否則過不了自己那關！」他開玩笑說，這樣的背景學做生意，結果害了自己。白做了幾年，終於學會從理想與現實中取一個平衡。「太史菜，用來做生意、做私房菜還是可以的。」

江獻珠曾於二〇〇八年在飲食雜誌專欄撰文時寫說，她在港的徒弟，論輩份，最高的就是麥麗敏，所以叫她為「大師姐」。大師姐

▲大師姐（右）貼身跟隨江獻珠老師習藝多年，深受其啟發和薰陶，成為少數在世的太史系粵菜傳人。

跟江獻珠老師認識超過三十年，貼身跟隨老師做菜長達十二年，可說是盡得老師真傳的學生之一。她認為，太史菜對於粵菜的影響，是「粗菜精做」的精神——以平常的素材做出精緻感，做出高貴格局，登上大雅之堂。「譬如炒肚尖，豬肚不貴，但要片得精巧，配的材料也不貴，如鹹酸菜，比較貴的是欖仁，但配上炒功製造的鑊氣，就成為一道精細的熱葷。江太史家道中落的時候，沒有名貴食材，但是吃個菜蓉羹，也要把菜梗硬的部分摘掉；沒有能力熬上湯，也會用肉來熬湯底，有個鮮味；也講究吃時令蔬菜。我覺得現在很多廚師，無法領悟如何用普通材料做出精巧菜式，這才是江府菜最值得發揚光大之處。」江獻珠生前撰寫菜譜，亦致力於把食材提升的做法，不強調食材名貴與否，這一條路，大師姐將繼續走下去。

大師姐——我和江老師廚緣的點點滴滴

江獻珠，香港人公認為殿堂級的美食家，被喻為「舌尖上的最後貴族」。江老師出身於廣州名門望族，祖父是前清朝翰林江孔殷。江孔殷，又稱「江太史」，二十世紀領導廣州食壇，出自太史第府上的佳餚，會被各大酒家爭相模仿，對近百年的粵菜面貌有深遠影響。江老師是祖父寵愛的孫女，自小在家中見識非同凡響的飲食排場、吃盡珍饈百味。成年後她負笈美國，學貫中西，在彼方又打開了對於西方料理的眼界。然而，江老師為粵菜作出貢獻，卻是四十歲以後的事情。當時她為了讓患病的母親吃到舊時太史第的味道，開始鑽研廚藝。原本只為一盡孝道，殊不知就像是被打通任督二脈，潛能源源不絕地發揮。她以學術研究精神撰寫粵菜食譜和相關專欄文章，從此為粵菜保育和傳承留下大量重要文獻。江老師與夫婿陳教授原定於二〇一四年七月回美定居安享晚年，卻在動身前與世長辭，八十八年的璀璨人生，留下了思念給至親好友，也留下了典範與緬懷給後人。

江老師在為粵菜傾注心血的歲月裡，開班授徒，收了不少學生，當中，跟後來人稱「大師姐」的麥麗敏結緣甚深。「我跟老師的緣分，令我深深領略到緣分的奇妙。人生在不同時期會遇到不同的人，而這個人未必會在刻下與你交集最深，可是在後來的因緣際會下，會成為對自己人生最有影響力的一個人。」

「一九七九年，我在IT界已經是大姐大的級別，工作很忙，連先生約我吃飯都要透過我的秘書，可想而知！有個叫 Doris 的同事，她的先生在香港中文大學文物館擔任策展人，有一天她不經意跟我提起，中文大學來了一個叫 Pearl Chen 的女人，是陳教授夫人，她烹飪十

▲大師姐與老師江獻珠（左）在友人家中合影。

分了得！」Doris 也略略向她介紹，這位 Pearl Chen 是赫赫有名的江太史的孫女，「不過我那時候怎會知道誰是江太史呢！對同事的介紹很不以為意。」這位 Pearl Chen，當然就是江獻珠老師了，只不過英文名字跟洋人作風冠夫姓。

雖然當時不知道江獻珠是誰，但「我早在一九六九年開始就一直跟不同老師學過烹飪，有個基礎，聽到有新老師可以教我，覺得很有興趣，就跟幾個同事一起去學了。」第一堂烹飪課，學的竟然是粵菜中的經典「蠔豉鬆」！「對粵菜略有所知的人都曉得這道菜的難度，就算我恃著自己有烹飪基礎，面對這道菜也覺得很有挑戰性！」挑戰歸挑戰，這位IT女強人並沒有令老師「刮目相看」：「說來慚愧，回想自己當時的態度，上課時跟其他同學嘻嘻哈哈，對老師真的有欠尊重。而老師的先生陳教授，因為曾在美國 IBM 擔任要職，面對著他

▲一九七九年第一次跟老師上課，學的就是難度甚高的「蠔豉鬆」！老師的做法會混入雜菌，要求每一種材料都切得大小一致，粒粒細緻，又要炒得乾身分明，考刀章又考炒功。

反而恭敬多了……其實老師的學術背景也很不簡單，不過呢，在我們眼中，她不過是陳教授夫人，一個做菜比起一般人厲害的家庭主婦而已。」

想起自己曾經如初生之犢不怕虎，大師姐也忍不住笑出來。「我知道老師愛吃、講究，味蕾也很敏銳，所以常常找她到處去吃東西。有一次，我帶了老師到石塘咀一家很雅致的私人會所「居可」去吃私房菜，吃蛇羹、金錢雞等古老粵菜，老師一吃就吃出來，這個廚師，是她以往太史第的家廚。」太師姐說，三十多年前，自己就在糊裡糊塗的情況下吃了名震嶺南的太史蛇羹，只是彼時對於好些粵菜經典和老師背景的千絲萬縷不甚了了，頗為不以為然。「那時真的唔識死！」又是一陣笑聲。許多人只知道大師姐是盡得江獻珠老師真傳的首徒，但應該萬萬沒想過，她的拜師入門，是這般「年少輕狂」的姿態吧？

後來，大師姐舉家移民澳洲，離開香港十多年，直到二〇〇〇年才回流。年過五十，做人心態已截然不同：「跟老師學藝的時候，我三十多歲，處於事業的高峰期，生活上許多決定都是工作為先。到了另一個階段，希望追求平衡的生活方式，也希望做些有意義的事情。悄悄有了個念頭：不如我把自己的食譜結集出版吧？」

大師姐坦言，三十多歲的時候已經覺得自己的廚藝很了不起，可以開餐廳，「信心爆棚」，一直到五十歲，順理成章覺得應該寫食譜，把所學留傳下來。二〇〇一年，大師姐開始行動，首先在市面上搜羅了一大堆食譜作參考，裡頭包括江老師幾本著作：《古法粵菜新譜》、《傳統粵菜精華錄》。「我一翻老師的食譜，我的天啊，只有震撼兩個字才能形容當下的感受！我整個身子都抖了！」

大師姐讀老師的食譜大感震撼，原因有二：「一，老師寫的食譜，竟然可以鉅細靡遺到一個地步，比起我在一九七九年跟她學烹飪時比較，老師的食譜書寫已經進入登峰造極的境界！而且每一個食譜都附上一個背後的故事，帶動了情感投入，非常好看！二，老師寫食譜的風格跟我心目中想要的方式相當接近，所以共鳴很深，心裡異常激動。」大師姐移民澳洲十多年，早已跟老師失去聯絡，輾轉只聽過江老師和夫婿又回到美國生活的消息，以為她在美國，於是打電話給當時住在波士頓的老友 Doris，心想：她可能跟老師有聯絡？「怎知道 Doris 告訴我，老師跟先生在香港呀！妳趕快約她見面吧！」拿到陳教授辦公室的電話，終於跟老師聯絡上了，並相約在沙田馬會會所的咖啡室「相認」。

▲江老師的食譜在坊間芸芸食譜中屬另一個境界，被視作文獻的級別。大師姐仍會透過食譜重溫老師的教誨，她手上那本是《中國點心》。

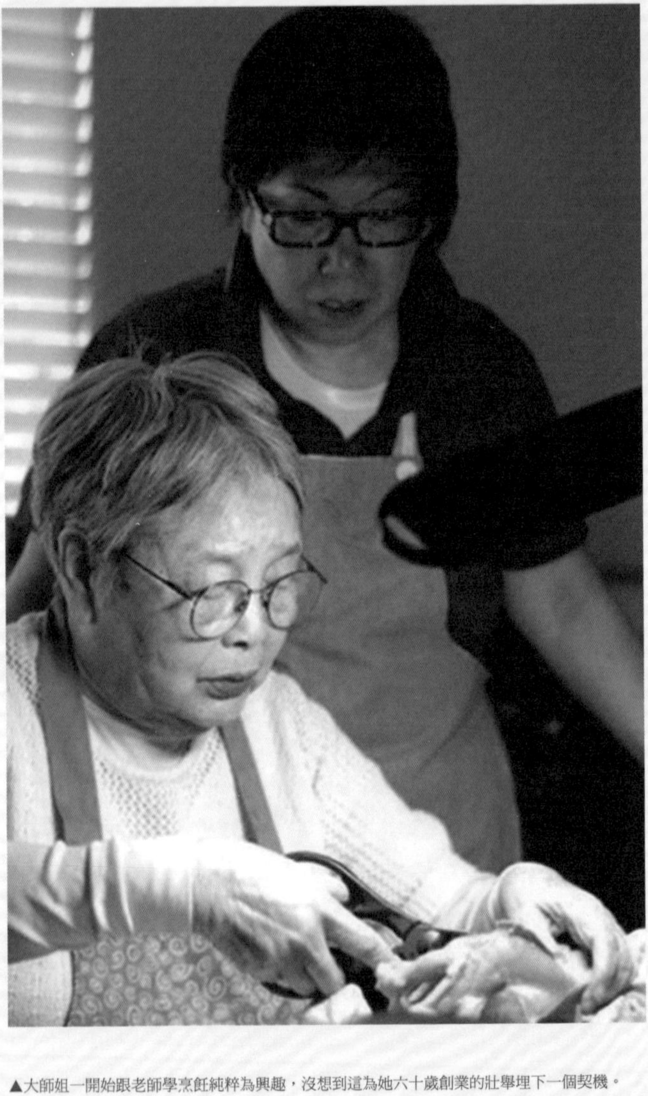

▲大師姐一開始跟老師學烹飪純粹為興趣，沒想到這為她六十歲創業的壯舉埋下一個契機。

果真世上所有相遇，都是久別重逢。闊別十多年再見，大師姐印了一疊自己寫的食譜給老師看，表面上是請教，暗地裡是準備得到老師的讚美，因為自覺寫得真不錯！「現在想起來會覺得很好笑，整整五十歲的人，還有著不知天高地厚的個性！」

大師姐拿著引以為豪的食譜和兩瓶日本富士頂天蠔油當見面禮送給老師。結果：蠔油讓老師讚不絕口，說這三十年來都沒吃過那麼優質的出品；食譜讓老師改得近乎面目全非。然而，老師的改動，也讓大師姐心悅誠服。

「當時是二〇〇一年，我剛好從IT界退下火線，時間多了，很自然地頻繁跟老師接觸，跟她學做菜，她教課時，我也跟隨在側做小助手，漸漸跟老師培養了默契。二〇〇二年，我受邀重出江湖，在一家美國電子貿易公司擔任營運總監，老師知道我要重新上班，覺得大家的見面時間會減少而感到捨不得，我連忙安慰老師：我還是會常常來看妳的呀！」大師姐也沒有食言，工餘還是常抽時間去看老師，跟她一起做菜。到了二〇〇七年，大師姐第二次退休，跟老師的相處時間又增加了，關係密切，直到老師於八十八高齡與世長辭。回頭一看，大師姐語帶絲絲懷念：「這十幾年來，我跟老師有過許多快樂的互動時光。」

二〇〇一年從服務了二十年的美國上市公司Global Sources（環球資源）科技總監職位退休，時機恰好，讓她能與失聯多年的老師重逢，再續師徒緣分。更恰好的是，老師當時年屆七十高齡，才開始幫香港著名飲食雜誌《飲食男女》寫專欄，一寫便十年——大師姐也趕上了老師的「黃金時期」——「我真的很幸運，老師為雜誌寫食譜要做示範，大部分時候，我都貼身在旁邊幫忙，同時深深體會到，做菜是變化無窮，也樂趣無窮的。」

徐維均
——「福字派」，高級粵菜的里程碑

香港高級粵菜名店，中外人士一定異口同聲吐出三個字：福臨門。現在則多加一個名字：家全七福。「福字派」兄弟分家的故事，對於很多食客來說並不陌生，如今這兩家店已成為同根異枝的兩生花，河水不犯井水，但同樣是粵菜武林的中流砥柱。

「福字派」扎根香港，更具有面向國際的代表性，說到其傳奇及根基，必須從創辦人徐福全講起。徐福全是香港第一代富豪何東的家廚。何東府上有一中一西兩位廚師負責日常飲食，徐維均憶述：「爸爸跟西廚同在一個屋簷下工作，多了交流得到啟發，就得到中西合璧的靈感，創出魅力歷久不衰的名菜，其中一道便是焗釀蟹蓋了！」這一道菜，是把洋蔥粒炒香之後混入一兩鮮拆蟹肉，再鋪上麵包糠做脆皮去焗，小湯匙舀起的蟹肉一梳梳，吃起來香噴噴，香脆之餘也嚐到蟹肉的鮮甜，老少咸宜。如今，這一道菜已被全香港乃至海外的高級中菜館列在菜單上，遍地開花。

徐福全做菜的手法亦對經典菜式的改良作出貢獻，「當年爸爸眼見在油鍋中炸出來的雞隻皮脆效果不持久，便想出了改良方法：把雞隻在油鍋上吊起，手持勺子不停往雞身上淋滾油，把雞隻『炸』熟。如此一來，雞隻就不會吸收過多油分，皮香脆爽口，放久了也不會軟綿綿。」這個方法經「福字派」出身的廚師傳開以後，已被全行廚師通用，流傳至今。

這些故事，就只能從徐維均這裡聽到。徐維均是徐福全的第七個兒子，因此人稱「七哥」。他十四歲輟學，被父親捉進廚房從低做起，天天跟他在身邊學習揀選食材、跟商販建立交情、買賣、如何做菜……父親有意栽培他接班。徐維均二十歲那年，年屆六十的父親決定金盆洗手，將棒子交到徐維均手

▲家全七福團隊在「七哥」徐維均的領導下，越戰越勇，出品口碑有增無減，更於今年打入「亞洲 50 最佳餐廳」榜單。

上。徐維均從初期的戰戰兢兢，到披荊斬棘、一路過關斬將，再到得心應手、把一個香港本土品牌擴展至日本和中國內地市場，叱吒風雲半個世紀，總算不負父親當初的交託，將品牌以及粵菜文化發揚光大、名揚四海。

沒有磨練，就沒有累積；沒有累積，就沒有沉澱，沒有今天。徐福全在何東家累積了極好的口碑和上流社會人脈，離開何家以後，他在一九四八年創辦了提供宴席上門到會服務的「福記」，帶著齊備的食材、工具和廚師到客人家即時烹調，主要客戶群都是豪門望族。七哥回憶五十年前跟著老爸做到會，每逢農曆新年都忙得人仰馬翻：「農曆年廿打後，每晚

▲炸子雞，經由徐父改良做法使皮脆的效果更持久，經「福字派」訓練的廚師傳開以後，此方法已整個行業通用。

都到會，一晚走兩場，有時候要走三場！好像有個報館大老闆，他們家是晚上九點半開飯的，就是我們的第三場。最早那一場是吃五點半。就算年卅晚、年初一都要開工，直到元宵過後才可以稍微鬆口氣。為別人做團圓，我們一家反而要分開吃飯，老爸會提早吃了開工，我會收工之後才吃飯：有魚翅、有鮑魚……但已經是吃宵夜啦！」整個五六十年代，福臨門的到會服務獨佔鰲頭，其他品牌尚有大喜慶、大來、東南等，均有一定知名度，但服務對象就不一定是達官貴人。

福臨門酒家於一九七二年在灣仔駱克道正式開店，由於累積的客戶都是大富之家，嚴

▲焗釀蟹蓋可說是第一代中西合璧的菜式，由徐福全創作發明，如今已成為經典，幾乎每家高級粵菜酒樓都將之列在菜單上。

選食材、講究烹技是建立口碑的關鍵，亦成了福臨門堅持至今的經營原則。在香港中餐界有個說法：福臨門是少林寺，全香港「富豪飯堂」的總廚，幾乎都是福臨門調教出來的。福臨門將粵菜的格局提升到有細節感、精緻感，做菜功夫實在且營造了高尚格調，對中餐界建樹良多。譬如，如今在香港半島酒店米芝蓮一星中菜廳嘉麟樓擔任行政總廚的梁燊龍曾在灣仔福臨門待了二十一年，盡得「福字派」真傳，當初一過檔嘉麟樓，便是從粵菜的靈魂：上湯著手去改進。「因

▲「福字派」的鮑魚美饌一定是反轉奉客，寓意「枕住上，枕住有得食」。

為福臨門最著重的就是那煲上湯，視之為一種投資，吊出各種菜式的鮮味。要熬出靚上湯，用料和比例都是關鍵，然而，在酒店的制度下，金華火腿要洗得非常乾淨才能使用，以符合衛生標準。但是洗過的火腿，香氣也流失了很多，熬出來的湯，味道就不足。舊東家那個標準，就是做上湯的高度，為了達標，我必須想辦法。後來，我想到了，把洗過的火腿拿去焗香，再用來熬湯，果然香氣就出來了。」

當一個好廚師，不止要懂得做菜，還要懂得怎麼要求。而「懂得要求」是長年累月的品味訓練，並非技術水平達標就能擁有的觸覺。好像近兩年被徐維均重新推出市場、已消失的古老粵菜「燒雲腿雪花雞片」，是螺片與雞片合炒伴燒雲腿一起吃——有比較年輕的大廚不明白此菜矜貴之處，會說：「不難啊，用罐頭螺片去炒也可以。」但徐維均的出品則一定要用新鮮響螺起肉去做，從刀功開始已是欣賞這道菜的基準之一。若不是「福字派」出身，看不懂，也培養不了這種觸覺，菜系便無從提升，只有流水作業。正正是這種格局，讓「福字派」經得起時代考驗，成為具有代表性的高級粵菜經典名牌。

徐維均入行逾五十年，從廚師做起，是最能掌握「福字派」做菜核心理念的人物。二十年前他受邀到東京開分店，找遍全日本的農場，找不到適合做粵式炸子雞的雞種，就索性連同飼料運了二千隻龍崗雞雞苗到日本，請農場飼養，來供應給他的餐廳。這種徹底的堅持得到回報，一九九〇年，當時的首相海部俊樹所屬的自民黨在大選中獲勝，選擇了福臨門包場辦慶功宴，酒家的名聲因此不脛而走，在日本也成功奠定江湖地位。

五年前，徐維均與福臨門正式分家，另創新招牌「家全七福」，歸他接管的海外分店也一併改名為「家全七福」。徐維均在自傳裡這樣敘說經營品牌的價值觀：「滿街食物館，你怎樣突圍而出，保存自己的價值？就是堅持手作，當所有食物都是機器生產、人工繁殖，你的價值就會失去。所以幾十年來，我絕不做罐頭魚翅鮑魚、（機製）月餅呀，我只做新鮮食物。機器生產的食物沒錯很方便，可以大量製作，但質素是手作沒法比的。」你說這是不合時宜嗎？但是把眼光放諸五湖四海，從來成就大師級餐飲品牌的名字，沒有一個合時宜，只有擇善固執。徐維均仍然保持著「用料靚、用心做、人手做」的風骨，為業界栽培人才，將粵菜文化的優秀、精髓傳承下去。

楊貫一——大器晚成的「鮑魚大王」

香港粵菜傳奇以及光輝一頁，不能不提「鮑魚大王」楊貫一。今年八十六歲的他原籍中山，生於亂世，與父母、手足緣薄——自小母親離家出走，父親在他九歲的時候逝世，他帶著兩個妹妹投靠祖母，但不幸地，兩個妹妹都在戰亂時餓死。十五歲，當時窮得連鞋子也買不起，他帶著祖母向人籌借的盤川五十元，赤腳從中山走到澳門，再坐船來到香港，輾轉在一家叫做大華的高級川菜酒樓當童工，才算有了落腳的地方。這酒樓頗負盛名，周璇、白光都是駐唱歌手，艱苦日子中，五光十色的場面、見識，慰藉了心靈。

三年後，酒樓易主，他到尖沙咀的新樂酒店中餐廳應徵樓面，「我還記得老闆問我可樂、雞、魚等，英文怎麼說，我都會，全是靠我在大華邊做邊學起來的，所以就過關了。」工作之一是為客人寫菜單，「所以有機會鍛鍊字體。」一哥表示。在這裡工作了六、七年，累積了經驗，轉到高華酒樓（現在的佐敦逸東酒店）做部長。在這裡，他開始接觸鮑魚，卻

▲楊貫一憑著鮑魚蜚聲國際，寫下人生傳奇。

從來沒有想過，自己有朝一日會憑著鮑魚蜚聲國際，寫下人生傳奇。

一九七四年，楊貫一與一名熟客合資創辦了「富臨飯店」，但經營慘淡，股東心灰意冷，開始有人退股。楊貫一堅持經營，過程卻一波三折，苦不堪言。有一天，他到銀行商討貸款事宜，回到店裡身心俱疲，叫大廚炒個飯給他吃，怎知道連大廚也欺負他，跟他說：「要吃你就自己炒！」楊貫一受不了這挑釁，馬上衝到爐灶前動手炒飯，「炒完了，邊吃自己炒的飯，邊流淚。」但一件事要是無法擊倒你，便會使你更堅強——有了是次經驗，楊貫一動了親自掌勺的念頭。當時他已有多年飲食業經驗，一早發現富臨的癥結：以乳鴿、燒臘等小菜作主打，利潤不高，反而那些賣鮑參翅肚的酒家，菜品賣得貴，但依然客似雲來，於是他下定決心將富臨轉型為高檔次酒家。吃遍了港九高級酒樓，楊貫一有感沒有任何一家的鮑魚讓他覺得特別好，便決定專攻鮑魚。

由於楊貫一不是當廚師出身，而且五十歲才開始研製鮑魚，旁人沒有一個看好，冷言冷語不絕，甚至有人放話說：「如果你會成功，我把頭切了給你當凳坐！」卻絲毫沒有動搖他的意志。他更孤注一擲，「八十年代，一斤靚的二十頭吉品鮑，三千多元，我一下子就入貨入了數十斤，用來研發獨家的鮑魚做法。這筆錢可以用來買樓了！」投資都去了鮑魚那裡，設備反而簡陋，楊貫一都是趁著餐廳的落場空檔，在後巷搭起炭爐去弄鮑魚，晚上收工了又繼續，不到凌晨一兩點都不會回家，生活只有開工、鮑魚；收工、鮑魚，周而復始。

如是者過了三年，不管是產地、特質等構成鮑魚素質差別的原因，皆被楊貫一參透：「不要說不同產地有不同差別，即便是同一批野生吉品鮑也會有參差。為什麼？原來，有的鮑魚困在夾縫裡，沒有生長空間，肉質就會特別韌，怎麼煮都煮不軟！」買了鮑魚，怎樣處理，也是成菜味道的一大關鍵：「鮑魚還是得要自己拿出來曬，勤力點曬，鮑魚就會被曬得很舒服，舊水都要曬。」曬鮑魚的步驟跟烹煮時能否誘發糖心環環相扣。

這些都是靠經驗摸索而來，毫無捷徑可言。鮑魚要做得成功，當然得要掌握一套方法：老母雞和排骨熬製上湯，雞的比例一定要比豬肉多，因為豬肉多了會膩。然後要加入火腿。對火腿的運用，楊貫一自有方法，那就是試味試到味道夠了，就把火腿撈起來，這火腿還可以用在另一鍋上湯的製作上。「因為材料的味道不會永遠一致，即便比例不變，所以得要靠自己去試。」楊貫一強調火腿的素質很重要，「這就要看你的買手怎樣入貨。」

「這上湯用來煨鮑魚兩日，讓鮑魚入味，又不會掩蓋了鮑魚的鮮味。」用砂鍋去煨鮑魚也是楊貫一的堅持，「以前能用炭火當然用炭火，現在就沒辦法了。」

當年楊貫一研製鮑魚成功，邀請別人來試菜，但沒有人相信他能煮乾鮑，無人赴會，僅有數位素有交情的媒體朋友，如劉致新、梁玳寧、王亭之來捧場。一九八五年，楊貫一得到梁玳寧相助，和其他香港廚師去參加新加坡美食節，他的溏心鮑魚征服了食客，以炭爐砂鍋煮鮑魚又有噱頭，傳媒大肆報導，風頭一時無兩，是他苦盡甘來的開始。打開知名度的他在翌年收到重要的邀請：北京導演朱牧請他到

▲楊貫一五十歲開始研製鮑魚，五十三歲終於嚐到一舉成名天下知的滋味，真正「一鋪翻身」。

北京為多位政界名人煮鮑魚，在那裡建立起內地人脈。同年，在已故船王包玉剛推薦下，楊貫一到釣魚台為鄧小平獻技，鄧吃了後說了這麼一句：「這樣的鮑魚只有政策開放以後才能吃到。」令五十三歲的楊貫一終於嚐到一舉成名天下知的滋味，真正「一鋪翻身」。

後來，楊貫一陸續收到不同國家邀請，周遊列國去為國家總理、總統、領導人煮鮑魚，將粵菜帶到國際舞台。楊貫一做事夠堅持，但從不墨守成規，「我去法國為總統做菜時，融入了法式飲食文化，那就是將煨好的鮑魚切片，用牛油把兩面煎得微焦香脆，結果非常好吃，人人都大讚。」可見他思考前衛、善於觀察和變通。他沒有刻意 fusion，卻在上個世紀自然而然地做到了 fusion。

晚年的楊貫一不僅名利雙收，最無法強求的得獎運更是羨煞旁人：包括於一九九六年獲國際御廚協會（Club des Chefs des Chefs，簡稱 CCC）頒發金章，更於二〇〇九年獲 CCC 選為「御廚中的御廚」，為全球首位獲此殊榮人士。香港政府亦接連頒發榮譽勳章和銅紫荊星章予楊貫一。

大器晚成的人，心態總比別人踏實，楊貫一依然不斷追求廚藝的突破。二十多年前，

他已提出「味、美、形、潔」的概念，取代老生常談的「色香味俱全」，「我認為做菜，味道還是最重要的。味道一定要純正好吃，再來講究賣相好、色澤光亮自然、形態美觀完整，接著就是做菜過程和呈現一定要乾淨、企理（整潔）。」他在九十年代自創砂鍋炒飯，每一客都是在客人面前即席做，先下蛋漿，然後下飯、配料，最後灑上獨家煉製的金華火腿汁，香飄十里，至今仍是大受歡迎的堂弄菜式，跟風者眾就更加不用說了。

到了晚年，楊貫一改革並獨創了富臨的蒸魚手法，那就是魚的兩面先抹點酒煎香，煎三至五秒就夠了，然後才拿去蒸。「這樣一

▲楊貫一於九十年代自創砂鍋炒飯，每一客都是在客人面前即席做，至今仍是大受歡迎的堂弄菜式。

來，魚肉有蒸的滑嫩，又有酒香、油煎的香氣。最重要的是，煎過表面以後，有助於定型，客人挾起來吃的時候不會像傳統蒸魚，肉很容易挾得散掉。」這就是楊貫一說的，要「企理」。老人家引以為傲的還有「陳皮咕嚕肉」這一道：一定要用未入過雪櫃、每天交貨的新鮮梅頭肉去做，每天大概賣多少份，就得把分量計算好，「因為沒有入過雪櫃，肉質很鬆軟、很彈牙，咬也不必出力。」

已屆八十六高齡的楊貫一，仍然喜歡每天回到店裡走走看看，跟客人交流、動手炒個飯，腦筋行動皆保持靈活。他坦言：「如果有心要突破，無論年紀多大都可以尋求自我突破。」去年，他和米芝蓮三星名店的意大利名廚 Umberto Bombana 搞了一場突破性的「粵意合璧」四手晚宴，大師級的火花，做出了華山論劍般的水準和激情，大獲好評——對楊貫一來說，沒有所謂的高處不勝寒，只有持續進化、持續突破。

陳家廚坊——開創飲食寫作的「特級」食家

「有一次，有位同鄉來找爸爸借錢葬老婆，當時爸爸也沒什麼錢，但二話不說，轉身要媽媽脫下結婚戒指，然後交了給那位同鄉，讓他去典當。」陳紀臨口中的爸爸，就是陳夢因，香港第一代食家。

陳夢因在《星島日報》擔任總編輯期間，以筆名「特級校對」寫飲食專欄，開創了飲食寫作這一個範疇的先河，打後的飲食文字工作者都應該稱他為祖師爺。他生前出版的書不多，大約十本，本已絕版多年，二〇〇七年，其中一名媳婦，也是媒體人、作家的吳瑞卿整理其三十萬字的文稿，交給商務印書館重新編輯出版，那就是一共五冊的《食經》。《食經》迴響熱烈，後來又出版了《食之道》三冊。前者深入淺出地講解各種菜式的背後原理、概念、文化背景，後者則是講述廣東、潮州、順德、客家四系粵菜的掌故、變遷，兩者均具有高度參考價值，被許多粵菜廚師奉為聖經，對日後的粵菜發展影響深遠。在陳公之前，對香

港食壇的文字紀錄頂多只是食譜，他的美食專欄包括相關歷史、習俗、社會變遷等元素，不但讓食物這回事有了可讀性高的內容，更有了味道以外的深度。若香港飲食有文化可言，陳夢因，就是文化的濫觴。

「五十年代資訊娛樂沒今天發達，陳夢因挑起當讀者『衣食父母』的重任，每天穿長衫跑街市、又到餐廳試菜，香港的飲食文字才慢慢成了氣候。『他很關懷大眾，這一點讓我很感動。戰後社會不同現在，很少家庭能負擔上館子吃飯或買好材料，於是他不斷鑽街市，在文章裡聊聊市況和菜價，教大家用簡單材料弄一桌好菜，又常刊登讀者來信，所以看這書

▲已故的陳夢因先生，筆名「特級校對」，是真正的第一代食家（圖片：陳紀臨先生提供）。

你會讀到許多老香港情懷。』」吳瑞卿曾在二〇〇八年幫出版社宣傳《食經》，當時《蘋果日報》的訪問這麼表示。

要成為食家，首要條件恐怕就是要見過世面，味蕾有一定「閱歷」。在這個年代，交通與物流方便、各種飲食資訊在互聯網上唾手可得，要當食家不難。然而，在上個世紀三十年代，陳夢因憑著記者的身份，採訪足跡遍布大江南北，隨之而來的是飲食見聞、民間習俗、風土人情的累積，打下了日後美食書寫的穩固基礎。

「老爺他喜歡吃，有強烈好奇心，吃到好吃的，會不厭其煩地追問有關的詳情，而且身為記者有做筆記的習慣，慢慢就培養了對於飲食的見解和內涵。還有另外一點，他樂於助人、廣結善緣，當記者又讓他結識了不少大人物，去到哪裡都有人請他吃飯。所以，庶民美食他吃過、高級筵席也見識不少，凡此種種，讓他具備了成為一名食家的條件。」陳紀臨的太太方曉嵐提起已故的家翁，滔滔不絕：「他對吃很懂，但不會以挑剔來顯示自己的品味，更從來不會開口評論別人做的菜。他的準則是：除非我能做到一樣好，又或者能提出改善的方法，否則，我沒資格評論。」以這個嚴格標準來看，這年代幾乎九成的食家都不合格，卻顯示了舊時代的人自重重人的道德感。

陳夢因愛吃懂吃，卻不成癡。陳紀臨形容爸爸的個性是「自己有一百元，可以用九十元甚至全部去幫人，但是絕不會花九十元去吃。他追求的是吃的價值，不會為了虛榮而吃，總是量力而為。」除此以外，原來這位祖師爺食家的食量不大，從不縱情酒食，「爸爸平日的飲食極為清簡，飯、湯、菜、肉，每樣都只吃一點，分量很少。宴客的話也適可而止。」

陳夢因退休後，移居美國，陳紀臨夫婦是住得離陳公最近的兒子媳婦，他倆間接被訓練成為大廚——每週總有一兩天，相交滿天下的陳夢因都會在家宴客，但他擔任的是顧問的角色，寫好菜單，讓兒子媳婦執行，自己則是在旁指點、督促。「他對細節很有要求，連食器都因應菜式嚴謹挑選，譬如，深綠色蔬菜，就要用白色碟；淺綠色蔬菜，得用黑色碟。」當時陳公所用的碗碗碟碟全是古董瓷器，「不過爸爸對這些東西並不執著，打破了就打破了，他從無不悅。」家裡的食客如雲，談笑有鴻儒，往來無白丁，座上客有大將軍張發奎、畫家張大千等人。「我們美國加州家的車房都不是用來停車的，而是掛滿了一袋袋的鮑參翅肚，好像海味舖一樣，非常壯觀！」加州空氣乾燥，在車房掛起海味，確實是最好的保存方

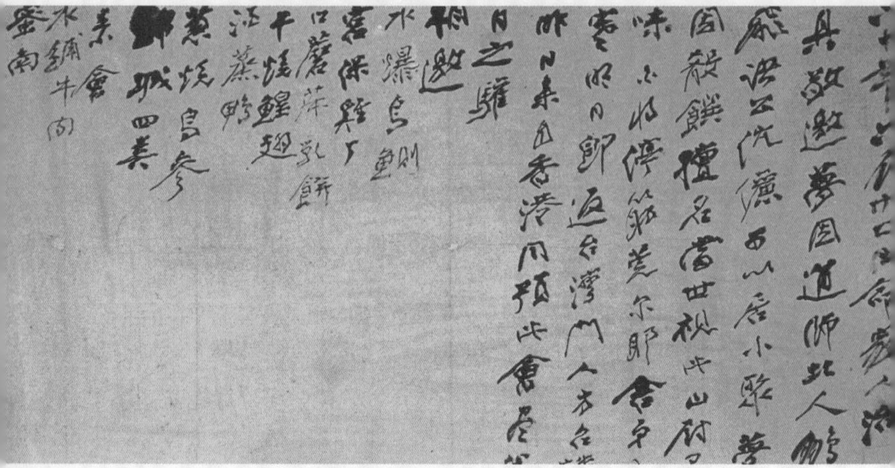

式。車房的景象，現在回想起來，夫婦兩人忍不住呵呵笑。

擔任「家廚」二十年，見盡風流人物，也親眼見證陳公如何指導有「舌尖上的貴族」、「羊城首席美食家後人」之稱的江獻珠做菜。江獻珠是廣州赫赫有名的食家江太史的孫女，她四十歲時，為了讓患病的母親能吃到昔日「太史第」的佳餚才正式下廚，學習做菜。後來在機緣巧合下，認識了陳夢因，兩人一拍即合，陳夢因從此成為她的老師。「老爺負責說，江獻珠負責做，對她極為嚴厲。」夫婦倆幾乎異口同聲：「有一次最為記憶深刻！江獻珠做了一桌子的菜，但有一樣食材重複出現了

▲張大千先生手寫的菜單（圖片：陳紀臨先生提供）

三次，是一種豆，忘了是蠶豆還是青豆。結果，惹來厲聲責備，說這不夠水準，一種食材頂多能用兩次！江獻珠當場被罵哭了，我們則呆在那裡。」江獻珠曾在訪問說過，陳夢因對她都是當眾恣意批評、毫不留情，跟陳氏夫婦這段回憶非常吻合。

「我們從來沒想過，那二十年的『家廚』經驗，造就了我們晚年的另一番光景。」也許一切冥冥中有注定，十年前，出版社希望他們以陳家後人的身份撰寫陳夢因先生書中所述菜式的食譜，因為陳公寫的，是「讓你知道為何要放糖放鹽」的做菜理念，而不是「教你放多少糖和多少鹽」的方法。他們以「陳家廚坊」之名出版了第一本食譜《真味香港菜》，並且大受歡迎，緊接著出版了《真味香港菜2》，從此筆耕不輟，僅僅是粵菜四系的食譜就有七本。「我們秉持著老爺的教誨，以學術研究的態度去寫食譜，每一道菜都會附上出處、文化典故，為此，每寫一本，就會去當地考察，譬如為了寫《追源尋根客家菜》，我們來來回回在惠州應該住了有一個月。」

二〇一六年，陳家廚坊受到英國出版界權威 Phaidon Press（費頓出版社）之邀，以英文撰寫並出版了 *China: The Cookbook*，記載了六百五十道中菜食譜，菜系橫跨三十個地區，當

中，四系粵菜所佔的比例約有四分一。出版社更安排陳氏伉儷到紐約、三藩市、倫敦、溫哥華、悉尼、墨爾本等大城市宣傳，將中菜發揚光大。如今，這本書有法文、西班牙文版，陸續會有其他譯本面世，包括中文。這不僅僅是一本食譜書，更是中菜飲食文化的導讀本。寫完食譜，他們還花了三個月，寫了十四頁的食材索引，詳細解釋許多中菜獨有的食材，譬如粵菜中的豆豉、臘腸、膶腸、麵豉醬、鹹檸檬、蝦米、陳皮等等，附上正確的譯名，儼如小型百科全書，具有極高參考價值。

「老爺對我們最大的影響是，用心做菜。每做一道菜，總是反反覆覆思考，怎樣把它做

▲陳氏夫婦手持以英文撰寫的 *China: The Cookbook*

到最好。比方說，廣東人最愛吃的白切雞，用浸熟的方法，雞的味道跑到水裡去了，吃起來雞味不夠好，用蒸的，雞肉又未免容易老。為了解決這個問題，我們就想到，用保鮮紙包住整隻雞來蒸，但要剪開雞腿部分的保鮮紙，以取得『爆皮效果』之餘，厚肉的雞腿部分也能蒸熟。」

「如果他老人家親眼見到我們現在所做的事、出版的書，應該會很安慰吧。」陳夢因先生雖然走了，但他的精神被兒子、媳婦延續了下來，他的文字亦繼續給熱愛美食的人帶來美好的啟發！

消失中的味道 增訂版

責任編輯：趙寅
設計：麥檠桁
著者：謝嫣薇
插畫：Paul Lung

出版：三聯書店（香港）有限公司
香港北角英皇道四九九號北角工業大廈二十樓
印刷：陽光（彩美）印刷有限公司
香港柴灣祥利街七號十一樓B十五室
發行：香港聯合書刊物流有限公司
香港新界荃灣德士古道二二〇至二四八號十六樓

版次：二〇一九年七月第一版第一次印刷
二〇二〇年四月增訂版第一次印刷
二〇二四年二月增訂版第三次印刷
規格：三十二開（一三〇×一九〇毫米）二〇八面
國際書號：978-962-04-4628-3

Published in Hong Kong

三聯書店
http://jointpublishing.com

JPBooks.Plus
http://jpbooks.plus